Güler yüzlü sirke satıcısı, ekşi yüzlü bal satıcısından çok kazanır.

Ein lachender Essigverkäufer macht bessere Geschäfte als ein griesgrämiger Honigverkäufer.

Türkisches Sprichwort

PATRICK STÄHLER

DAS RICHTIGE GRÜNDEN

Werkzeugkasten für Unternehmer

MURMANN

Inhalt

Vorwort

Anleitung zum Buch

Das Buch ist in zwei Teile, A und B, aufgeteilt. Teil A zeigt Ihnen, welche Elemente und Bausteine ein Geschäftsmodell ausmachen. Teil B beschreibt den Prozess, wie Sie aus Ihrer Idee ein funktionierendes Geschäftsmodell, das Richtige, entwickeln können. Zwischen Teil A und B finden Sie Beispiele innovativer Geschäftsmodelle, die Sie inspirieren können.[1]
In Teil A stellen wir Ihnen viele Fragen, die Sie später in Teil B beantwortet haben müssen. Deshalb nennen wir die Fragen in Teil A: »Übungen«. Richtig ernst wird es dann in Teil B. Dort heißen die Fragen »Aufgaben«, die Sie erledigen müssen, um das Richtige zu gründen.

Gründen Sie das Richtige!

Dieser Werkzeugkasten ist für Menschen gedacht, die eine neuartige, besondere Idee für ein Unternehmen sowie den Mut haben, diese genau zu analysieren und umzusetzen.
Ob Sie mit Ihrer Idee Erfolg haben, hängt ganz allein davon ab, wie Sie es schaffen, Ihre Kunden zu begeistern. In diesem Punkt sind Kunden äußerst anspruchsvoll.
In diesem Buch geht es nicht darum, richtig zu gründen – dafür gibt es bereits genügend Literatur.
Es geht darum, das Richtige zu gründen.
Sind Sie bereit?
Wenn Sie das Ganze digital machen wollen, finden Sie alles auf der gruenderplattform.de.

Für wen ist dieses Buch nicht geeignet?

Dieses Buch ist nicht gedacht für Leute, die ein weiteres Steuerberatungsbüro, einen weiteren Friseurladen eröffnen oder eine Geschäftsidee aus Amerika kopieren wollen. Daran ist nichts Falsches! Sie haben lediglich das falsche Buch in der Hand. Dieses Buch widmet sich neuartigen Geschäftsmodellen.

Optimismus

Er ist die wichtigste Eigenschaft für Gründer.
Optimismus ist der feste Glaube, dass es geht.
Er ist nicht mit Schönfärberei zu verwechseln.
Sie müssen an Ihre Chancen glauben. Die Risiken müssen Ihnen bewusst sein. Aber Sie sollten sich nicht von ihnen beeindrucken lassen.
Haben Sie Freude im Leben.

Gründen Sie das Richtige, und es wird gehen.

Ehrlichkeit

Sie ist die zweitwichtigste Eigenschaft für Gründer. Seien Sie ehrlich, wenn Sie Ihr Geschäftsmodell prüfen: Jetzt und später. Hüten Sie sich davor, zu glauben, die Welt habe auf Sie gewartet und werde Ihnen Ihr Produkt aus der Hand reißen.

Die Wahrheit ist: Niemand hat auf Sie gewartet.

In diesem Buch geht es darum, dass Sie trotzdem eine Firma gründen und trotzdem Erfolg haben.

Handeln

Die zentrale Eigenschaft eines Unternehmers ist, dass er handelt und Dinge umsetzt, nicht nur plant. Der Unternehmer ist überzeugt, dass die Probleme der Menschheit durch unternehmerisches Handeln zu Herausforderungen und damit lösbar werden.

Der Unternehmer handelt.

Einleitung

Keiner wartet auf Sie!

Eine unangenehme Empfehlung zuerst: Seien Sie sich bewusst, dass keiner auf Sie als Jungunternehmer gewartet hat. Die Grundbedürfnisse unserer Gesellschaft sind alle gedeckt, und der Verdrängungskampf ist erbarmungslos, wie die Tausenden von Werbebotschaften zeigen, die jeden Tag auf uns einprasseln.
Es gibt von allem mehr als genug: Im Supermarkt warten 30 verschiedene Sorten Joghurt auf Käufer, um die Ecke gibt es fünf neue Friseursalons, und das Internet hält zu jedem nur erdenklichen Artikel eine schier endlose Auswahl bereit.
Wir haben wirklich alles von allem.
Oder nicht?

Erfolgreich sein heißt, aus der Konkurrenz herauszuragen

Aber auch wenn die Welt schon alles hat, gibt es immer wieder neue Unternehmen, die ihre Kunden begeistern und aus der Masse herausragen. Wie kommt es beispielsweise, dass Menschen eine ganze Nacht vor einem Geschäft ausharren, um ein neues Smartphone kaufen zu können?
Dieses Buch handelt davon, wie Sie ein Unternehmen gründen können, das seine Kunden begeistert und aus der Konkurrenz herausragt. Hier lernen Sie, wie Sie ein solches Unternehmen werden.
Vier Elemente, die aus elf Bausteinen bestehen, sind dafür nötig. Wir werden Sie mit jedem einzelnen bekannt machen und Ihnen zeigen, wie Sie mit ihnen das Geschäftsmodell richtig zusammensetzen oder designen. Am Schluss werden Sie das Richtige gründen. Versprochen. Zuvor gilt es jedoch, sich einige wesentliche Aspekte der Geschäftsgründung etwas genauer anzuschauen.

»The times they are a-changin'«

Ein Blick zurück: In den Nachkriegsjahren war es einfacher, Erfolg zu haben. Die Nachfrage nach Gütern konnte durch das bestehende Angebot nicht befriedigt werden. Wer sich damals nicht allzu dumm angestellt hat, dem wurden seine Produkte abgekauft. Heute ist es nicht mehr ganz so leicht, etwas zu verkaufen. Die Zeiten haben sich geändert, wie Bob Dylan schon wusste.
Offenbar aber nicht die Werkzeuge, mit denen Gründer ihr Unternehmen aufbauen. Noch immer glauben viele, ihr Angebot werde mit ein bisschen Werbung und Vertrieb automatisch vom Markt aufgenommen – als wären die Bedürfnisse noch immer unbefriedigt, als wäre die Wettbewerbsintensität noch immer gering und als wäre es für Mitbewerber noch immer schwierig, in den Markt einzutreten.
Heute braucht es aber neue Werkzeuge, um das Richtige zu gründen, also ein Unternehmen, das seine Kunden begeistert und dadurch langfristig profitabel ist.
In einem Satz: Nicht das Angebot entscheidet über den Erfolg, sondern der Kunde.

Die traurige Geschichte einer Branche, in der zwar richtig, aber nicht das Richtige gegründet wurde[2]

Mit der Wende hin zu erneuerbaren Energiequellen boomt der Markt für Solarpanels. Deutsche Firmen wie Q-Cells galten noch vor Kurzem als optimal aufgestellt, da sie frühzeitig auf Fotovoltaik setzten. Q-Cells wurde Ende 2007 mit acht Milliarden Euro bewertet. Das Problem: Heute sind viele Vorzeigeunternehmen, wie Q-Cells, Solar Millennium oder Scheuten Solar, insolvent. Was ist passiert? Zwar war die weltweite Nachfrage stark gestiegen, doch neue Wettbewerber, insbesondere aus China, stiegen in den Markt ein. Die Preise fielen. Die deutschen Firmen waren zuvor in einen vielversprechenden Markt eingestiegen, allerdings mit Produkten, die leicht zu kopieren waren. Zudem hatten sie kein Profil, mit dem sie sich von ihren neuen und weitaus günstiger produzierenden Mitbewerbern aus Fernost unterscheiden konnten. Hinzu kamen Subventionen vom Staat an chinesische Hersteller.
Im Klartext: Die deutschen Firmen haben zwar in einem wachsenden Markt agiert, aber kein Geschäftsmodell entwickelt, das sie gegen Wettbe-

werber schützen konnte. Kunden wiederum haben die Hersteller als austauschbar gesehen und nur noch auf den Preis geachtet. Was die Unternehmen und ihre Mitarbeiter bitter zu spüren bekommen haben. Leider.

Kundennutzen

Die meisten Gründer überlegen sich, welches Produkt sie herstellen und anbieten wollen.
Doch wer soll das Produkt kaufen? Und warum? Welches Problem wird gelöst? Welche Aufgabe übernehmen Sie für ihn? Diese Fragen stellen sich nicht viele. Dabei entscheiden sie über den Erfolg. Klären Sie daher zuerst den Kundennutzen ab. Fragen Sie sich, welches Problem Sie lösen wollen und welche Aufgabe Sie übernehmen. Das Produkt oder Ihre Dienstleistung ergibt sich daraus von selbst.

Vergleichen Sie sich nicht! Studieren Sie keinesfalls den Markt!

Je mehr Sie sich mit Marktstudien beschäftigen, desto mehr werden Sie machen, was alle anderen bereits tun, anstatt sich eine Positionierung zu erarbeiten, die Sie gegenüber anderen auszeichnet.
Je mehr Sie sich mit bestehenden Unternehmen vergleichen, desto ähnlicher werden Sie, da Sie versuchen werden, die Erfolgslogik anderer zu kopieren.
Je mehr Unternehmen also das Gleiche tun, desto austauschbarer werden sie. Und je austauschbarer Unternehmen werden, desto geringer sind Begeisterung und Loyalität der Kunden – und damit letztlich die Profitabilität.
Profitabel ist ein Unternehmen dann, wenn es durch seine Positionierung etwas Besonderes wird. Das heißt nicht, dass Sie Facebook, Amazon oder Coca-Cola neu erfinden müssen. Etwas Besonderes ist ein Geschäft, wenn es Kunden begeistert, alle Beteiligten genügend Geld verdienen und wenn kein Schaden in der Gesellschaft und der Umwelt angerichtet wird.

Wecken Sie die Liebe!

Warum gehen Sie seit Jahren zum gleichen Friseur und empfehlen ihn weiter? Warum kaufen Sie Ihre Brötchen immer beim gleichen Bäcker? Warum haben Sie genau dieses Auto gekauft und hatten schon vorher eines dieser Marke?
Das Zauberwort heißt Begeisterung. Sie halten jenen Anbietern die Treue, die Sie nachhaltig erfreuen. Man kann durchaus sagen: Sie lieben diese Unternehmen.
Und diese Liebe kann man als Unternehmer fördern. Meist sind es ganz kleine Dinge, die es ausmachen. Eine kleine Reparatur, die nichts kostet. Ein Treuerabatt oder eine originelle Idee, wie jene kleine Schweizer Schreinerei: Sie versüßt ihren Kunden die lange Wartezeit auf ein neues Möbel, indem sie ihnen regelmäßig Fotos vom aktuellen Entwicklungsstand mailt. So wird das negativ besetzte Wort »Warten« zum positiven »Good things come to those who wait«.
Überlegen Sie sich, wie Unternehmen Ihnen eine Freude gemacht haben.
Und überlegen Sie sich dann, wie Sie Ihren Kunden Freude bereiten werden.
Überlegen Sie also, wie Sie die Liebe wecken.

Es lebe das Kundengespräch

In den letzten Jahren ist es Mode geworden, ein Unternehmen mit einem Businessplan zu gründen. Es gibt sogar Businessplan-Wettbewerbe. Doch wie sagt das jiddische Sprichwort: »Der Mensch tracht, und Gott lacht!«
Pläne, das Trachten, sind Wunschdenken. Sie sind abstrakt und haben mit der Realität meistens nicht viel gemein. Am Schreibtisch entsteht kein erfolgreiches Unternehmen. Es entsteht vielmehr aus dem Kontakt mit Menschen – Ihren potenziellen Kunden.
Anstatt sich hinzusetzen und nächtelang Excel-Tabellen auszufüllen, reden Sie lieber mit Ihren konkreten möglichen Kunden. Das Ziel ist, dass Sie Ihre künftige Klientel und deren Bedürfnisse besser verstehen als es sich selbst.

Adieu, Businessplan!

Das Leben mag keine Pläne. Es wirft sie fast immer über den Haufen und ersetzt sie: mit Leben.
Planen Sie also nicht Ihr Geschäft, sondern finden Sie heraus, wo es hingehört – indem Sie mit den Menschen reden.
Die Losung lautet: Zuhören, verstehen und testen statt erwarten.
Später können Sie planen, also organisieren, Ziele formulieren, Abläufe festlegen. Doch zuallererst kommt das Kundenverständnis.

Vergessen Sie nicht den Zufall!

In diesem Buch lernen Sie Werkzeuge kennen, mit denen Sie Ihr Geschäft besser gestalten können. Die Werkzeuge setzen an jenen Punkten an, die für den Erfolg eines Geschäftes entscheidend sind, aber oft als naturgegeben wahrgenommen werden – ein häufiger Fehler.
Wenn Sie die Erkenntnisse einsetzen, die Sie hier gewinnen, werden Sie ein Geschäftsmodell in der Hand haben, mit dem Sie für den Start Ihres Unternehmens ziemlich gut aufgestellt sind.

Diese Formulierung ist bewusst vage gehalten, denn Glück und Zufall haben immer ihre Hand im Spiel. Wir sagen Ihnen deshalb nicht, was Sie tun müssen, um garantiert Erfolg zu haben, denn eine solche Garantie gibt es nicht. Wir sagen Ihnen aber, was Sie tun müssen, um optimale Chancen zu haben, erfolgreich zu sein.
Erfolgreich sein müssen Sie dann selbst.

Und doch ist Innovation nicht immer gut

Innovation ist heute das Schlagwort. Wer will nicht innovativ und kreativ sein?
Innovation im klassischen Sinne heißt, Neues im Markt zu verankern. Nach dieser Definition war Nokia einst das innovativste Unternehmen in der Mobilfunkbranche. Kein anderes Unternehmen brachte jedes Jahr mehr neue Geräte auf den Markt. Nokia hatte Firmen wie Siemens, Ericsson, Sony oder Motorola schonungslos gezeigt, wer die Könige der Innovation waren.
2009 hatte Nokia gleichzeitig 118 verschiedene Geräte im Angebot. 2012, nur drei Jahre später, kämpfte Nokia ums Überleben. Seit 2014 gibt es Nokia als Hersteller von Mobilgeräten nicht mehr.

Wie konnte es dazu kommen?

Schuld war ein neuer Wettbewerber, der im Januar 2007 den Markt betrat. Er hatte noch nie ein Mobiltelefon gebaut. Und er begnügte sich mit einem einzigen Modell, das er fortan nur einmal pro Jahr erneuerte, entgegen allen Branchenregeln (auch sonst brach er so einige davon). Das Modell hatte nur einen einzigen großen Knopf.
Es war das iPhone von Apple. Es verdrängte Nokia von seinem Spitzenplatz. Denn das iPhone begeisterte die Menschen viel mehr als alle Mobiltelefone zuvor.
Apple war innovativ, weil die Firma eben nicht die allgemein akzeptierten Regeln als gegeben hingenommen, sondern neue geschrieben hatte, denen andere folgen mussten – aber, wie im Fall von Nokia, nicht sofort folgen konnten.
Nokia hat es nichts genützt, neunmal so viel Geld wie Apple in die Forschung und Entwicklung investiert und noch mehr neue Geräte in den Markt geworfen zu haben. Apple dagegen hat sich vom Gerätedenken gelöst und in Softwareplattformen gedacht, die ganz neue Anwendungen, etwa durch Apps, erlauben. Während Nokia in seinen Geräten gefangen war, dachte Apple weiter und breiter und konnte so neue Märkte schaffen.

Innovation heißt also, etwas zu machen, das bei Menschen Begeisterung auslöst und sich gegenüber den Wettbewerbern differenziert. Innovation ist eine eigene Positionierung, die sich in den Kunden hineinfühlt, ihn beobachtet und ihm etwas gibt, woran er Freude hat, was ihm hilft oder was ihm guttut. Innovation ist eine Positionierung, die von anderen nicht leicht kopiert werden kann.
Innovation ist das Gegenteil von MOTS: More-of-the-same. Sie ist attraktiv, weil sie anders ist. Und deshalb mutig.

Innovativ kann auch ganz altmodisch sein

Innovativ altmodisch in diesem Sinne ist die Bäckerei Hacke in Meinersen im südlichen Teil der Lüneburger Heide. 1990 hat Torsten Hacke die Backstube von seinem Vater übernommen. Eigentlich eine schlechte Entscheidung, da traditionelle Bäckereien durch das Angebot von Supermärkten oder Tankstellen bedrängt wurden. Die Geiz-ist-geil-Einstellung führte dazu, dass Discountbäckereien, wie »BackWerk« oder »Mr. Baker«, immer beliebter wurden.[3] Innovation hieß damals Aufbackbrot und Discountbäckereien ohne Verkaufspersonal, die gerade die Hälfte der Personalkosten einer klassischen Handwerksbäckerei erforderten.

Was alle anderen machen, hat Bäcker Hacke nicht irritiert.[4] Innovativ heißt für ihn, nicht das zu machen, was alle machen, sondern sich auf seine Kunden und seine Fähigkeiten zu besinnen. Die Bäckerei gehört heute zu den besten Deutschlands, sagt *Der Feinschmecker*. Aber noch viel wichtiger, so seine Kunden: »Der beste Kuchen, den ich kenne« oder: »Die leckersten Brötchen, die kann man auch gut aufbacken« oder: »Mir ist es nicht zu weit, zu Hacke zu fahren, um Brot zu kaufen.«

Bäcker Hacke ist weder Billigheimer noch Luxusbäcker. Er steht für Qualität und Handwerk: Milch und Milchprodukte aus der Region, Wasser, das in der Backstube eigens aufbereitet wird, Mehl aus einer nahe gelegenen Mühle, Eier von glücklichen Hühnern und Backen ohne künstliche Zusatzstoffe. Das kommuniziert er seinen Kunden.

Transparenz ist Teil seines Geschäftsmodells. Er erklärt, warum er sein Sortiment verkleinert, warum Hygiene Zeit braucht und was seine Mitarbeiter alles können. Er will nicht wachsen, weil sonst die Qualität leiden würde. Er ist in vielen Bereichen sehr altmodisch, und das macht ihn so innovativ.

Bäcker Hacke ist mutig und innovativ, weil er dem Trend zum Discounting nicht gefolgt ist. »Anders« heißt in diesem Fall: persönlich, menschlich, freundlich, herzlich. Er hat aus diesem traditionellen Handelsgebaren ein zukunftsfähiges Geschäftsmodell gemacht, während im Discountbereich großer Wettbewerb herrscht.

Anders sein

Schauen, was andere machen, und es nachahmen, ist kein falscher Weg. Aber es ist auch nicht der Weg zu einem herausragenden Unternehmen.
Anders sein, etwas anderes anbieten, braucht Mut. Weil es neu ist und noch niemand ausprobiert hat, ob es gut ankommt. Aber es gibt einen Grund, warum Sie dieses Buch lesen. Nehmen Sie ihn ernst. Seien Sie ein Gründer, der anders ist! Seien Sie mutig!

Zur Innovation gehört auch ein innovatives Geschäftsmodell oder: Die faszinierende Geschichte des Herrn Rausing

Angenommen, Sie haben ein wirklich innovatives Produkt oder eine innovative Dienstleistung, die auf die Bedürfnisse Ihrer Zielkunden ausgerichtet ist. Das sind gute Voraussetzungen für eine Unternehmensgründung, aber es reicht noch nicht für ein tragfähiges Geschäftsmodell.
Nichts verkauft sich von selbst, und auch das beste Marketing schafft noch nicht den gewünschten Erfolg. Dafür brauchen Sie ein ebenso innovatives Geschäftsmodell, das Sie gegenüber Nachahmern verteidigen können.
So wie Herr Rausing. Sein Tetra Pak ist mit einem Weltmarktanteil von 85 Prozent bei Kartonverpackungen für Milch der größte Hersteller von Getränkekartonverpackungen. Sie sind aus keinem Haushalt mehr wegzudenken. Milch, Säfte und viele andere Getränke werden heute fast nur noch darin verkauft.
Ruben Rausing ist der Gründer der Tetra Pak AG. Seit den 1930er-Jahren führte er die Verpackungsfirma Åkerlund & Rausing, die Kartonverpackungen für trockene Waren herstellte. Übrigens: Er

selbst hatte die Idee für Tetra Pak gar nicht, sondern einer seiner Ingenieure: Erik Wallenberg. 1943 beschichtete Wallenberg einen Karton so, dass er wasser- und luftdicht wurde. Diese Verpackungen waren insbesondere für Milchprodukte geeignet, da sie so lange haltbar waren. Ursprünglich ließen sich die Kartons nur in Form eines Tetraeders herstellen, weshalb das Unternehmen und das Produkt Tetra Pak genannt wurden. 1951 kam das Produkt auf den Markt.

Der kommerzielle Durchbruch erfolgte jedoch erst in den 1960er- und 1970er-Jahren. Eng verbunden mit dem Aufstieg von Tetra Pak war die Verbreitung von Supermärkten und damit der Abschied der Molkereiwirtschaft vom Milchmann, der die Milch vor die Türe lieferte.

Stellt sich die Frage: Was war die Innovation von Herrn Rausing, der damit einer der reichsten Schweden wurde?

Übung: Varianten zu Tetra Pak entwickeln

Überlegen Sie sich, wie Sie das Produkt Tetra Pak in den Markt gebracht hätten. Was hätten Sie genau angeboten? Was war das Bedürfnis des Marktes?

Machen Sie sich einfach einige Gedanken dazu, es gibt kein richtig oder falsch. Es geht hier nur darum, Ihnen zu zeigen, dass man mit einer Idee den Markt unterschiedlich betreten kann.

Was war entscheidend?

Herr Rausing hatte mehrere Optionen, was er aus der Idee seines Ingenieurs hätte machen können:

1. Er hätte sich als Ingenieur und Erfinder sehen können. Dann hätte er sein Patent verkaufen oder seine Idee lizenzieren können. Je nachdem, wie er verhandelt hätte, hätte er entweder eine große Summe am Anfang erhalten oder nur eine Lizenz vergeben, sodass er profitiert hätte, wenn seine Idee häufiger verwendet worden wäre.
2. Herr Rausing hätte auch Maschinenbauer werden können. Dann hätte er die Verpackungsmaschinen hergestellt und verkauft.
3. Herr Rausing hätte als Verpackungsmaterialhersteller auftreten können. Er wäre in die Kartonproduktion eingestiegen und hätte seinen Kunden das Material verkauft. Um die entsprechenden Verpackungsmaschinen herzustellen, hätte er eine Lizenzvereinbarung mit einem Maschinenbauer treffen können, damit dieser nach seiner Idee die Maschine bauen und verkaufen darf.
4. Herr Rausing hätte sich als Spezialist für verpackte Leistung positionieren können. Dann hätte Tetra Pak keine Maschinen oder Verpackungsmaterial verkauft, sondern einzelne gefüllte Milchkartons. Das heißt, die Molkerei hätte nicht eine Rechnung über eine Maschine oder über 100 000 gelieferte Milchkartons bekommen, sondern monatlich eine Rechnung für eine bestimmte Anzahl gefüllter Milchkartons, die ihre Anlage verlassen haben.

Jede Option hat ihre Vor- und Nachteile. Herr Rausing hat sich mit seiner Firma für das vierte und damit ein auf langfristigen Wert ausgerichtetes Geschäftsmodell entschieden, das Kunden sehr gut bindet. Für Tetra Pak war es mit dem gewählten Geschäftsmodell einfacher, Kunden zu finden, da Molkereien bei der Umstellung die vollen Investitionskosten für die neue Verpackungsanlage am Anfang nicht tragen mussten.
Auch ist der Milchkonsum in schlechten Wirtschaftszeiten weniger schwankend als der Kauf von Maschinen, der meist auf gute Zeiten verschoben wird. Und somit schwankt der Umsatz von Tetra Pak weniger als der von Maschinenbauern. Auch sind wiederkehrende Umsätze (jeden Monat werden Getränke verpackt) besser, weil planbarer als Einzelumsätze, die etwa beim

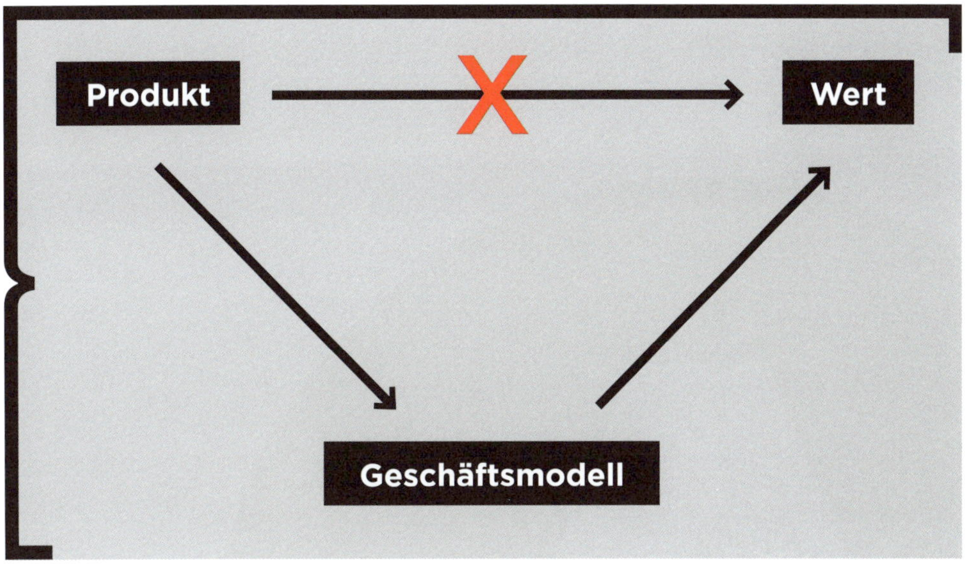

Ihr Produkt allein schafft noch keinen Wert

einmaligen Verkauf einer Maschine entstehen. Der Nachteil dieses Geschäftsmodells ist, dass Tetra Pak anfänglich viel Kapital brauchte, um all die Maschinen, die beim Kunden installiert werden sollten, zu bauen.
Innovativ war also nicht allein die Technik, sondern auch das Geschäftsmodell – wohlgemerkt über 20 Jahre, nachdem die ursprüngliche Idee entwickelt wurde.

Fazit

Entscheidend für den Erfolg ist nicht die Idee allein, sondern auch, mit welchem Geschäftsmodell sie umgesetzt wird. Das Beispiel Tetra Pak zeigt, dass Sie mit einer Idee unterschiedliche Unternehmen mit unterschiedlichen Geschäftsmodellen gründen können.
Ein großer Fehler von Gründern besteht darin, sich zu früh auf nur eine Umsetzungsidee zu fokussieren, ohne mehrere Optionen geprüft zu haben. Die klassischen Businessplan-Vorlagen verleiten dazu, eine Umsetzungsidee in aller Tiefe auszuarbeiten, ohne wirklich erst verschiedene Optionen durchzudenken und mit potenziellen Kunden zu testen.
Diese Vorlagen gaukeln eine Genauigkeit vor, die nicht erreichbar ist. Wichtiger ist, dass Sie sich mit dem richtigen Geschäftsmodell auseinandersetzen, mit dem Sie in den Markt eintreten wollen.
In Teil A lernen Sie, was ein gutes Geschäftsmodell ausmacht. In Teil B leiten wir Sie durch einen Prozess, durch den Sie aus einer Idee selbst ein tragfähiges Geschäftsmodell entwickeln können. Zwischen den Teilen A und B finden Sie Geschäftsmodelle von erfolgreichen Unternehmen, die sie inspirieren sollen.

A

Das Geschäfts-modell

Die Elemente eines erfolgreichen Geschäftsmodells

Geschäftsmodell erarbeiten

Im Teil A zeigen wir Ihnen, was ein Geschäftsmodell ist. Wir werden Ihnen zu diesem Thema direkte und teils auch harte Fragen stellen. Die Antworten dazu liefern Ihnen die Bausteine Ihres Geschäftes und damit die Grundlage für Ihren Erfolg.

Es ist wichtig, dass Sie dieses Buch nicht durchlesen, sondern durcharbeiten. Die Fragen, die Sie darin finden, sind nicht als Anregungen gedacht. Die Beantwortung ist Pflicht, um erfolgreich sein zu können.

Wenn Sie die Fragen als zu hart empfinden, lassen Sie sich Folgendes sagen: Der Markt und Ihre Kunden werden noch viel härter zu Ihnen sein. Auch äußerst erfolgreiche Unternehmer hatten nicht von vornherein eine Antwort auf alle Fragen, aber sie haben sich alle Fragen gestellt, auch und besonders die unangenehmen. Großartige Unternehmen prüfen immer wieder, ob sie das Richtige machen. Tun Sie es ihnen gleich!

Warum soll es Sie als Unternehmen überhaupt geben?

Das Wichtigste ist, dass Sie Ihr Unternehmen nicht für sich selbst gründen. Es ist schön, wenn Sie begeistert sind von Ihrer Idee – aber nicht nur Sie sollen begeistert sein, sondern insbesondere Ihre Kunden, die zudem bereit sein müssen, für Ihr Angebot zu bezahlen.

Begeisterung weniger Kunden allein reicht nicht. Sie müssen genügend Kunden finden, damit sich Ihr Unternehmen für Sie rechnet. Denn leider reicht es nicht, wenn Sie nur zehn zahlende Kunden finden.

Fangen wir an – mit richtig gemeinen Fragen.

Die härtesten Fragen überhaupt

Die unangenehmsten Fragen kommen von Ihren Kunden. Sie lauten:

1. Warum soll ich mit Ihnen überhaupt Geschäfte machen?
   Ausgerechnet mit Ihnen?

2. Warum soll ich Ihnen Geld für Ihre Leistung geben?

3. Was bekomme ich dafür?

Kunden stellen sich diese Fragen nicht bewusst, wenn sie etwas einkaufen oder eine Dienstleistung beziehen. Aber trotzdem wollen sie mit guten Argumenten gewonnen, überzeugt und gehalten werden.
Wenn Sie am Anfang Ihres Gründungsprozesses stehen, dann können Sie diese Fragen nicht beantworten. Das ist normal. Am Ende des Buches werden Sie es können.

Die vier Elemente eines Geschäftsmodells

Bevor wir die elf Bausteine des Geschäftsmodells präsentieren, stellen wir Ihnen die vier Elemente vor, die jedes Geschäftsmodell prägen.

1. **Was haben Ihre Kunden von Ihrem Geschäft?**
   Der »Kundennutzen«, den man auch »Value Proposition« nennt.
   Die Bausteine sind »Kunden« und »Nutzen«.

2. **Was bieten Sie an und wie?**
   Die »Geschäftsstruktur«. Die Bausteine sind »Angebot«, »Produktion«, »Vertrieb«, »Kernfähigkeit« und »Partner«.*

3. **Wie verdienen Sie Ihr Geld?**
   Das »Ertragsmodell«. Die Bausteine sind »Kosten« und »Ertrag«.

4. **Mit wem arbeiten Sie und wie?**
   Der »Unternehmensgeist«. Die Bausteine sind »Team« und »Werte«.

* Achtung: Die meisten Gründer machen sich zuerst Gedanken zum Produkt.
Wir werden Ihnen gleich zeigen, warum das der falsche Weg ist.

Macht Ihr Geschäftsmodell Sinn oder ist es nur ein Bauplan?

Alle diese Teile – Elemente und ihre einzelnen Bausteine – bilden zusammen Ihr Geschäftsmodell, das nichts anderes ist als ein Bauplan für Ihr Geschäft, der Ihnen hilft, es aufzubauen.
Es geht dabei neben dem Bauplan auch um die Sinnfrage: Warum muss es uns geben? Warum muss man uns lieben? Warum sollen die besten Leute bei uns arbeiten wollen? Schaffen wir etwas Sinnvolles mit unserem Geschäft?
Denken Sie daran, dass Ihr Geschäftsmodell am Anfang nur ein Wunsch ist und sich erst über die Zeit zeigt, ob es auch funktioniert. Vergessen Sie auch nicht, dass Ihr Geschäftsmodell immer nur *Ihre* Abbildung der Realität ist und nicht die Realität selbst.[5]

Am Anfang steht der Kunde

Viele Gründer machen den Fehler, von einem Produkt oder einer Dienstleistung auszugehen, ohne sich zu fragen, wie sie künftigen Kunden helfen und sie begeistern sollen.
Die Frage, was Sie anbieten, muss daher an zweiter Stelle kommen. Zuerst müssen Sie sich fragen, wie Sie in den Menschen Begeisterung, Freude und Liebe auslösen können.
Im Fall des iPhones war die Frage: Wie schaffen wir es, ein Kommunikationsgerät zu bauen, das jedermann leicht und intuitiv bedienen kann? Die Bedienung per Touchscreen und Fingergesten war die Antwort darauf – und nicht der Ursprung dieses genialen Produktes.

Geschäftsstruktur

Angebot
- Was ist unser Angebot?
- Was verkaufen wir genau?

Vertrieb und Kommunikation
- Wie erreicht das Angebot unsere Kunden?
- Wie kommunizieren wir mit unseren Kunden?

Produktion (Kernaktivitäten)
- Was sind die wichtigsten Schritte der Produktion?
- Welche Aktivitäten müssen wir ausführen, welche Partner?

Kernfähigkeiten
- Welche Kernfähigkeiten haben wir bzw. müssen wir aufbauen?

Partner
- Welche Partner brauchen wir für unser Geschäft?

Ertragsmodell

Kostenstruktur
- Was kostet uns Geld? Wie flexibel sind unsere Kosten?
- Die Kostenstruktur wird durch die Geschäftsstruktur festgelegt.

Unternehmensgeist

Team
- Wer ist in unserem Team?
- Welche Kompetenzen, auch soziale, vereinen wir in unserem Team?

Value Proposition

Kunde

- Wer sind unsere Kunden?
- Welche Aufgabe übernehmen wir für unsere Kunden?

Nutzen

- Welchen Nutzen stiften wir für unsere Kunden?
- Welchen Nutzen stiften wir für unsere Partner?

Ertragsquellen

- Womit verdienen wir Geld?
- Wann fließt das Geld?

Werte

- Welche Werte leben wir im Unternehmen?

Geschäftsmodellkarte

Elemente und Bausteine Ihres Geschäftsmodells

Die Geschäftsmodellkarte zeigt Ihnen alle Elemente und Bausteine und die dazugehörigen Fragen.
Sie müssen für alle Fragen Antworten finden; nicht sofort, sondern während des Prozesses, das Richtige zu gründen.
Beim Richtigen spielen alle Elemente zusammen. Ihre Kunden und Partner werden durch die Value Proposition glücklich. Als Unternehmer müssen Sie mit der Geschäftsstruktur auch liefern, was Sie in der Value Proposition versprochen haben. Mit dem richtigen Ertragsmodell geht es auch finanziell für Sie auf. Aber nur wenn der Unternehmensgeist in Ihrem Team stimmt, werden Sie ein außergewöhnliches Unternehmen gründen.

Ewiges Hinterfragen, immer verbessern

Es gibt nie eine abschließende Antwort, da Sie Ihr Unternehmen immer weiterentwickeln müssen. Nehmen Sie sich die Geschäftsmodellkarte immer wieder vor und hinterfragen Sie Ihre bisherige Lösung. Es lohnt sich!

Das erste Element: Kundennutzen

Wer sind Ihre Kunden und warum sollten sie begeistert sein?

Beim ersten Element geht es um die Begeisterung der Kunden. Um Kunden und Nutzen. Um das Versprechen, welchen Wert Kunden von Ihnen haben, weshalb wir auch von »Value Proposition« sprechen.

Ihr Versprechen an den Kunden

Der Kundennutzen ist das Versprechen des Unternehmens, welchen Nutzen es seinen Kunden anbietet. Was Sie produzieren, ist wichtig. Das Wichtigste ist jedoch der Segen, den Sie den Menschen damit bringen. Im Zentrum steht das Problem, das Sie für sie lösen. Die Erleichterung, die Sie ihnen verschaffen. Der Kundennutzen ist das, was Ihre Kunden eigentlich kaufen, wie Glück, Lebenserleichterung, Einfachheit oder Komfort. Das Produkt ist nur das Mittel dazu.

Produkt und Kundennutzen

Hier drei Beispiele, die aufzeigen, was die Menschen tatsächlich kaufen.

1. Das Produkt: Rolex. Der Kundennutzen: »Ich trage ein Schmuckstück, das allen zeigt, dass ich wohlhabend bin.« Bei einer Rolex ist der Kundennutzen nicht das Ablesen der Uhrzeit. Dieses kann der Kunde weitaus günstiger haben.
2. Das Produkt: Gratiszeitung. Der Kundennutzen: »Ich kann mich während einer Zugfahrt mit etwas beschäftigen.« Bei einer Gratiszeitung ist der Kundennutzen nicht die Information. Dafür gibt es bereits genügend Quellen (zum Beispiel Smartphones).
3. Das Produkt: Fertigpizza. Der Kundennutzen: »Ich kann etwas Warmes zu Abend essen, obwohl ich zu faul bin zum Kochen.« Bei einer Fertigpizza ist der Kundennutzen nicht der Genuss, sondern die Einfachheit. Für echten Genuss braucht es eine Eigenleistung (frische Zutaten einkaufen und zubereiten).

Sie sehen: Kundennutzen sind nicht immer edel, aber immer praktisch. Befriedigen Sie also immer ein spezielles Bedürfnis.

Aber ich liebe mein Produkt!

Viele Gründer sind in das, was sie anbieten, verliebt. Man kann das gut nachvollziehen, denn es gibt viele schöne, aufregende und technisch ausgeklügelte Produkte.
Ihre Begeisterung als Gründer sollte jedoch nicht Ihrem Produkt gelten, sondern den Möglichkeiten, die es Ihren Kunden eröffnet. Ihre Begeisterung sollte einzig der Begeisterung Ihrer Kunden gelten. Je mehr Sie sich diese Sichtweise aneignen und den Blick von dem raffinierten Ding heben, das Sie

in Ihren Händen halten, hinaus in die Welt, in die Köpfe und Herzen Ihrer Kunden, desto erfolgreicher werden Sie als Unternehmer sein.
Kunden interessieren sich nicht für Ihre Freude an Ihrem Produkt. Sie interessieren sich für ihre eigenen Bedürfnisse. Es geht also in unternehmerischer Hinsicht überhaupt nicht um Sie, sondern um Ihre Kunden.

Das ganze Geschäftsmodell muss den Kundennutzen liefern

Der Kundennutzen ist nicht mit dem Produkt gleichzusetzen, denn dieses ist nur ein Erfüllungsgehilfe dafür – und alle anderen Aspekte eines Geschäftsmodells sind ebenso wichtig.
Stellen Sie sich vor, Sie haben ein schlechtes Vertriebsnetz. Oder einen Service, der nicht funktioniert. Oder Sie bieten Kaffee aus nachhaltigem Anbau an, verbieten aber Ihren Mitarbeitern, sich in Betriebsräten zu organisieren. In allen diesen Fällen wird das beste Produkt mit dem besten Kundennutzen scheitern.
Der Kundennutzen muss durch alle Aspekte des Geschäftsmodells unterstützt werden – nicht nur durch das Produkt selbst.

Der Kundennutzen im Wandel der Zeit

Der Kundennutzen ist auch deshalb entscheidend, weil dasselbe Produkt unterschiedliche Nutzungen erfüllen kann – wie die Uhr, von der bereits die Rede war.
Ursprünglich war die Uhr dazu da, die Zeit anzugeben. Der Kundennutzen für Käufer einer Uhr bestand darin, die Uhrzeit zu kennen.
Anfang der 1970er-Jahre kamen elektronische Uhren auf den Markt, die genauer waren als die mechanischen Modelle und überdies wesentlich preiswerter. Die traditionelle Uhrenindustrie stand vor einer Umwälzung. Der Kundennutzen: »Die Zeit kennen« wurde durch die neuen Produkte aus Sicht des Kunden wesentlich besser erfüllt.
Die Schweizer Uhrenbranche wäre untergegangen, hätte sie für ihre Produkte nicht einen neuen Kundennutzen definiert: die Exklusivität der mechanischen Uhrwerke. Uhren wurden zu einem Schmuckstück.
Uhrenmarken haben heute sogar eigene Ladengeschäfte. Dass die mechanischen Uhren nicht auf die Millisekunde exakt sind und hin und wieder nachgestellt werden müssen, stört den Käufer

nicht – viel wichtiger ist es ihm, eine echte IWC oder Rolex zu besitzen und natürlich auch, dass alle anderen dies sehen.
Mit dem ursprünglichen Kundennutzen, der Zeitmessung, haben diese Uhren nicht mehr viel zu tun. Denn die Zeit wird heute überall angegeben, auf dem Handy, im Computer oder in den Straßen- und Eisenbahnen.
Die Schweizer Uhrenmacher mussten einen neuen Markt finden, und sie haben ihn gefunden.

Der erste Baustein: Kunde

Wer ist Ihr Kunde? Welche Aufgabe übernehmen Sie für Ihren Kunden?

Für ein gutes Geschäftsmodell müssen Sie genau sagen, wer Ihr Kunde ist und welche Aufgabe Sie für ihn übernehmen wollen. Viele Gründer sind hier zu schwammig und schreiben einfach über einen abstrakten Markt, ohne ihre Kunden wirklich zu kennen.
Nicht nur die Beschreibung des Kundensegmentes ist wichtig, sondern auch die Beschreibung, welche »Aufgabe« das Unternehmen für den Kunden löst. Wir wählen bewusst den Begriff »Aufgaben« anstatt der häufig verwendeten Bedürfnisse, da Aufgaben konkreter als allgemeine Bedürfnisse sind. Im Englischen spricht man von »Jobs-to-be-done«, um diese Aufgaben zu beschreiben.
Anfänglich ist es in Ordnung, wenn Sie den Kunden noch nicht genau definieren können, aber während der Ausarbeitung Ihrer Idee müssen Sie den Kunden immer genauer kennenlernen – und insbesondere die Aufgabe, die Sie für ihn übernehmen und lösen.

Der Kunde pfeift auf die Demografie

Marketingleute reden in Sätzen wie: »Unsere Kunden sind zwischen 25 und 49 Jahre alt und zu 90 Prozent männlich.«
Solche Segmentierungen sind zwar gut messbar, doch sie sagen leider überhaupt nichts aus. Denn Kunden denken nicht in Marktsegmentierungen, sondern in ungelösten Aufgaben.

Ein Bohrer ist ein Bohrer ist kein Bohrer

Demografische Kriterien zementieren häufig nur Vorurteile. So kaufen traditionell eher Männer Bohrmaschinen, weshalb das Marketing auf Männer ausgerichtet wurde. Das Problem: So schloss man die Hälfte der Menschen aus, wie kluge Marketingverantwortliche irgendwann merkten. Es gibt nämlich auch sehr viele handwerklich begabte Frauen.
Ideen, wie man Frauen für den Kauf einer Bohrmaschine gewinnen kann, zeichnen sich oft durch Hilflosigkeit und Ignoranz aus – wie zum Beispiel pinkfarbene Bohrmaschinen mit Swarovski-Steinen, in der Annahme, Frauen sprächen auf so etwas an. Ein Vorurteil, das der demografischen Marktsegmentierung geschuldet ist.
Wenn man sich dagegen nicht von seinen Vorurteilen lenken lässt, sondern von Beobachtungen, stellt man fest, dass Frauen sehr gute Gründe haben, sich gegen die klassischen Werkzeuge zu entscheiden. Für Frauen ist es unerheblich, wie viel Watt eine Maschine hat. Sie wollen einfach und leicht ein Bild aufhängen, wofür sie ein Loch bohren müssen.
Wenn das mit möglichst wenig Kraft, Dreck, Staub, Lärm und Vibrationen verbunden ist, umso besser. Benutzerfreundlichkeit ist das Stichwort. Und zwar kein weibliches – auch viele Männer lassen sich durch klobige Wattmonster abschrecken.

Benutzerfreundlichkeit statt Leistung!

Die Firma Bosch hat deshalb die Heimwerkergruppe »Bosch Grün« erfolgreich neu ausgerichtet. Die simple, aber unglaublich durchschlagende Erkenntnis war, dass Kunden nicht am Produkt selbst interessiert sind, sondern daran, wie einfach sie damit eine Aufgabe erledigen können. Im Fall der Bohrmaschine handelt es sich um das Loch, um ein Bild aufzuhängen.[6] Daran sind die Menschen interessiert – nicht am Gerät selbst, das nach der Anwendung ohnehin wieder im Koffer und im Keller verschwindet.

Aufgrund dieser Erkenntnis baut »Bosch Grün« heute nicht mehr Heimwerkergeräte, die sich nur durch technische Leistungsmerkmale auszeichnen, sondern durch ihre hohe Anwendungsorientierung.

Die Liechtensteiner Firma Hilti geht noch weiter und definiert als Aufgabe, die sie für ihre Kunden lösen möchte, nicht mehr das Loch, sondern die Befestigung von etwas an der Wand. Denn wir brauchen Löcher nur, um mit ihnen etwas zu befestigen. So bietet Hilti nicht mehr nur Bohrmaschinen an, sondern andere Lösungen, um Gegenstände zu befestigen.

Wie finde ich heraus, wer mein Kunde ist?

Am Anfang haben Sie eine Idee. Reden Sie möglichst bald mit potenziellen Kunden darüber. Gehen Sie raus und testen Sie Ihre Idee. Entwickeln sie Ihre Kunden parallel zu Ihrem Angebot. Die Erkenntnisse aus der einen Arbeit begünstigen die andere. Die folgende Übung hilft Ihnen, konkret zu werden.

Übung: Kundenanruf

Folgende fünf potenzielle Kunden rufen Sie morgen an, um mit ihnen über Ihre Idee zu sprechen und diese zu testen. Versuchen Sie dabei herauszufinden, welche Aufgabe Sie mit Ihrer Idee beim Kunden lösen.

Im Teil B zeigen wir, wie Sie systematisch die Aufgaben Ihrer Kunden identifizieren können.

Werden Sie zum Kundenversteher

Es ist nicht nur entscheidend zu wissen, wer Ihr Kunde ist und welche Aufgabe Sie für ihn übernehmen können. Sie müssen auch jene Dinge über ihn in Erfahrung bringen, die ihm vielleicht gar nicht bewusst sind. Denn für Sie als Gründer ist es entscheidend, wie und warum Ihr Kunde sich für Sie entscheidet. Der Kundenversteher ist die erste Rolle für Sie als Unternehmer.
Nehmen Sie als Beispiel Ihren letzten Autokauf. Wie und warum haben Sie sich für genau dieses Modell entschieden? Welche Faktoren haben Ihre Wahl beeinflusst?
Mögliche Entscheidungskriterien könnten sein: Gefällt mir das Design? Ist der Verbrauch akzeptabel? Ist mir der Händler sympathisch? Ist mir die Marke sympathisch? Hat ein Freund mir dieses Modell empfohlen? Fand ich die Werbung dafür überzeugend? Ist mir der Prestigeaspekt wichtig, den dieses Modell besitzt? Was sagen die Kinder?

Verstehen Sie, wie der Kunde funktioniert, und Sie werden Erfolg haben

Natürlich ist es unmöglich, für Ihre Kunden so detaillierte Fragen zu beantworten. Aber Sie müssen die Neugier besitzen, Ihren Kunden besser zu verstehen als er sich selbst. Und dabei geht es schon wieder um seine Bedürfnisse.
Die Marke IKEA hat ihre Kunden sehr gut verstanden. Diese besuchen Ikea meist mit einer konkreten Kaufabsicht, beispielsweise suchen sie ein Sofa. Oder sie bekommen bald ein Kind und wollen mal durch die entsprechende Abteilung schlendern, um sich zu informieren.
Alle Kunden werden bei IKEA durch das gesamte Sortiment geführt, und so finden sie bei jedem Besuch – als wäre es Zufall – etwas, das ihnen in der Küche noch fehlte, oder sie sehen schöne Bettwäsche, und ihnen fällt ein, dass sie ihre alte ersetzen könnten.
Ein Möbelhaus zu bauen, das jeden Besucher an allen Produkten vorbeiführt, ist ein brillanter Beweis für das Kundenverstehen. IKEA hat verstanden, dass die Menschen gern etwas Neues für ihr Zuhause kaufen – auch wenn sie es gar nicht zwingend brauchen oder etwas anderes suchen.

Noch ein schönes Beispiel für Kundenverstehen

Wären Sie bereit, für ein Pfund Kaffee 37 Euro zu bezahlen, wenn Sie es für 3,60 Euro haben können? Nein, wird Ihre Antwort sein. Wirklich?
Aber ja doch. Bei Nespresso zahlen Sie so viel.[7]
Aber das ist Ihnen egal, denn Sie bekommen für 0,37 Euro eine Tasse frisch und einfach zubereiteten Espresso.
Auch Nestlé ist deshalb ein kluger Kundenversteher. Das Unternehmen hat das Bedürfnis seiner Kunden verstanden: im Handumdrehen einen fein duftenden Espresso zu bekommen. Der Kunde will kein Kaffeepulver und kein Hantieren damit, sondern einfach den wohlschmeckenden, duftenden Kaffee in der Tasse. Er bezahlt Geld für diese Einfachheit und Geschwindigkeit, sogar sehr viel Geld und die Umwelt ist ihm dabei herzlich egal.

Übung: Kundenversteher im Herrenbekleidungsgeschäft

Sie sind Verkäufer in einem Herrenbekleidungsgeschäft. Ein Kunde wünscht sich eine komplette Ausstattung. Was würden Sie ihm als Erstes verkaufen? Den teuren Anzug oder eher die günstigeren Artikel wie die Krawatte? Versuchen Sie, sich einfach in den Kunden einzudenken.

Gute Verkäufer beginnen den Verkauf immer mit dem teuersten Stück, zum Beispiel dem Anzug. Denn wenn der Kunde sich schon durchgerungen hat, Geld für einen Anzug auszugeben, erscheinen ihm das Hemd und die Krawatte nachher geradezu preiswert.
Diese Kleinigkeiten sind wichtig für Ihren Erfolg, denn der Kunde fühlt sich so besser aufgehoben, und Sie geben ihm das Gefühl, etwas Gutes für sich selbst getan zu haben.
Gibt es auch bei Ihren Kunden solche Verhaltensmuster, auf die Sie aufbauen können?

Der Kunde sagt etwas anderes, als er tut

Kunden verstehen heißt, herauszufinden, worauf der Kunde Wert legt. Fragen Sie den Kunden, wird er immer den Preis in den Vordergrund stellen. Und sobald Sie versuchen, sich allein über den Preis zu differenzieren, wird der Kunde auch nur noch auf den Preis achten – und Sie werden immer billiger werden müssen.
Die Kunst des Kundenverstehens besteht darin, nicht den Kunden zu fragen, was er für wichtig hält, sondern zu beobachten, welche Aufgaben bei ihm schlecht gelöst und welche für ihn wichtig sind.

Paketzustellung, aber dalli! Wirklich?

Ein Beispiel: die Paketzustellung. Wollen Sie ein Paket so schnell wie möglich zugestellt bekommen?
Sie werden dies vermutlich bejahen. Davon gehen auch viele Online-Händler aus und liefern ihre Ware im Eiltempo zur Wohnadresse des Kunden – der ist aber tagsüber gar nicht zu Hause. Mühselig muss er dem Kurierdienst mitteilen, wie und wann er die Lieferung abermals zugestellt haben will.
Schnell geliefert ist eben nicht gleichbedeutend mit rasch in den Händen halten, aber das ist die Aufgabe, die der Kunde gelöst haben möchte. Doch genau das Letztere meint der Kunde, wenn man ihn fragt, ob er ein Paket schnell geliefert haben will.
Letztlich und genau genommen will er aber etwas ganz anderes: Er will seine Ware zur richtigen Zeit am richtigen Ort empfangen. Das hat allein mit Schnelligkeit nicht mehr viel zu tun.
Diese Kunst des Kundenverstehens ist sehr wichtig. Sie beherrschen sie umso besser, je einfühlsamer Sie sich in Ihre Kunden versetzen können: Was wollen diese wirklich? Es korrespondiert allerdings nicht immer mit dem, was sie sagen.

Ein besonderer Kunde: Der Geschäftskunde

Wenn Sie Geschäftskunden bedienen, werden Sie manchmal verzweifeln. Da dachten Sie, Ihr Ansprechpartner wäre begeistert gewesen – und dann entscheidet und entscheidet er nicht. Oder er hat kein Budget, obwohl er doch Abteilungsleiter ist.
Geschäftskunden sind ein eigenartiges Konstrukt. Hier entscheidet nicht eine einzelne Person, sondern eine Organisation. Sie müssen den Einkaufszyklus dieser Organisation verstehen: Wer ist der Ansprechpartner? Wer ist noch in den Entscheidungsprozess eingebunden? Gibt es eine Einkaufsabteilung, die den Einkauf koordiniert und auch verhandelt?[8] Oder muss das Ganze erst fürs nächste Jahr im Budget enthalten sein?
Die Kunst für Sie besteht darin, die Entscheidungsmechanismen besser zu verstehen, als der Kunde es selbst kann. Viele traditionelle Unternehmen wie IBM haben nicht die besseren Produkte oder Services, sondern verstehen Geschäftskunden besser als diese sich selbst.
Das geflügelte Wort »You never get fired for buying IBM« drückt aus, worauf es ankommt: Bei Geschäftskunden spielt die Risikominimierung eine größere Rolle als die Einführung von Innovationen. Dessen müssen Sie sich als Jungunternehmer immer bewusst sein.
Auch das Gefühl, nichts falsch gemacht zu haben, kann ein Kundennutzen sein! Mehr dazu im nächsten Kapitel.
Nun wissen Sie einiges über Ihren Kunden. Natürlich nicht alles – diese Arbeit geht weiter. Aber Sie haben herausgefunden, wer Ihr Kunde sein könnte und wer nicht.
Damit haben Sie sich den ersten Baustein angeeignet. Glückwunsch! Sie sind Ihrem Geschäftsmodell und der Gründung des richtigen Geschäfts einen Schritt näher gekommen.

Der zweite Baustein: Nutzen

Welchen Nutzen bringen Sie Ihrem Kunden? Welchen Nutzen bringen Sie Ihrem Geschäftspartner?

Überlegen Sie sich, was genau Ihr Kunde von Ihrem Produkt oder Ihrer Dienstleistung hat. Überlegen Sie sich, was Sie Ihren Geschäftspartnern genau bringen.

Aufgabe und Nutzen

Den Unterschied zwischen der Aufgabe, die Sie für Ihre Kunden lösen, und dem Nutzen, den sie davon haben, verdeutlicht folgendes Beispiel: Aufgabe ist es, von A nach B zu kommen. Ist Ihre Lösung ein Auto, hat es beispielsweise den Nutzen, dass der Kunde selbst bestimmen kann, wann er hin und zurück fährt und er seine Ruhe hat.
Ist die Lösung hingegen ein Zug, ist ein Nutzen, dass man die Reisezeit zum Lesen verwenden kann und dass man keinen Parkplatz suchen muss. Und genau weiß, wann man ankommt – zumindest in der Schweiz.

Es ist wichtig, dass Sie hier klar unterscheiden:

- Was ist die Aufgabe meines Kunden?
- Was ist der Nutzen, den er von meiner Lösung hat?

Das Produkt entspricht nicht automatisch dem Kundennutzen, und viele Hersteller sind überrascht, welche Aufgaben ihre Produkte tatsächlich lösen, welchen Nutzen sie also haben – oft ist es etwas ganz anderes, als beabsichtigt war.

Nutzen für Ihre Partner

Genauso wichtig, wie der Nutzen für Ihre Kunden, ist, welchen Nutzen und Wert Sie für Ihre wichtigsten Partner schaffen, also alle Unternehmen und Menschen, ohne die Ihr Geschäft nicht möglich wäre.
Stellen Sie sich folgende Fragen:

- Warum sollen wichtige Lieferanten gerade Sie bedienen?
- Warum sollen ausgerechnet Sie ins Regal eines Großhändlers aufgenommen werden?

Bei Firmengründungen werden diese Fragen oft nicht ausreichend beachtet. Gründer gehen davon aus, dass sie beliefert werden, wenn sie zahlen. Das mag für Allerweltsdinge stimmen, aber nicht für Leistungen, die rar sind. Beachten Sie auch den Wert, den Sie Ihren wichtigsten Lieferanten neben der Begleichung der Rechnungen schaffen. Was können Sie hier in die Waagschale legen?

Oje, die Partner vergessen!

Interessante Unternehmen scheitern häufig am fehlenden Nutzen für die Partner. Ein Beispiel dafür ist Napster, die Musik-Tauschplattform. Bei den eigenen Kunden war Napster ein Volltreffer, denn sie konnten gratis Musik herunterladen. Innerhalb kürzester Zeit fand Napster Millionen von Fans. Doch für die Musiker und ihre Labels, also die wichtigsten Partner, hatte Napster keinen Nutzen – es konnte die Frage nicht beantworten, warum die Urheber der Musik bei der Plattform mitmachen sollten.
Apple hingegen hat mit iTunes diese Frage gut beantwortet. Der iTunes-Store hat nicht nur für die Kunden einen hohen Nutzen, sondern auch für die Partner – und revolutionierte so die gesamte Musikbranche.

Wenn Kunden und Partner Ihre Firma mitgründen

Ist Ihr Nutzen für Ihre Partner stark und überzeugend, können Sie möglicherweise gewisse Dinge vorfinanzieren.
Das Gleiche gilt für Ihre Kunden: Wenn Sie diese schon in einer frühen Phase vom Nutzen Ihres Geschäfts überzeugen, können die Kunden mithelfen, es zu finanzieren.

Kunden können einen auch retten

Der Kölner Möbelhändler Johannes Genske hatte sich mit einer Niederlassung in Düsseldorf übernommen. 2001 musste er sie schließen. Darauf kündigte ihm seine Bank die Konten und stellte seine Kredite fällig. Keine andere Bank wollte ihn in dieser Situation finanzieren, und so stand auch sein bis dahin erfolgreicher Kölner Laden vor dem Aus.
Genske überlegte, was er tun sollte, und dachte an seine langjährigen Kundenbeziehungen. Ursprünglich hat er als »Müslimann« mit selbst gebauten Kindermöbeln angefangen und sich über 15 Jahre zum Experten für ökologisches Wohnen mit hohem ästhetischem Anspruch entwickelt. Eine Positionierung, die seine Kunden sehr schätzten.

Also schrieb Johannes Genske seine Kunden an, berichtete offen über seine Probleme und bot ihnen eine stille Beteiligung mit marktüblicher Verzinsung an. Er beschrieb sein Investment als Alternative zum gesichtslosen Investment via Börse. Und er hatte Erfolg: 13 Kunden beteiligten sich als stille Teilhaber an seiner GmbH, die damit gerettet wurde.[9]
Dank neuer Crowdfinancing-Plattformen wie Kickstarter, Startnext oder WeMakeIt können Sie Ihre Idee schon früh mit potentiellen Kunden nicht nur testen, sondern auch finanzieren lassen.

Übung: Teilen der Entwicklungskosten

Überlegen Sie sich: Was müssten Sie tun, damit sich Partner an den Entwicklungskosten oder an der Finanzierung Ihres Unternehmens beteiligen?
Was müssten Sie tun, damit sich Kunden an der Finanzierung beteiligen?
Was müssten Sie tun, um eine erfolgreiche Crowdfinancing-Kampagne zu starten?

Selbst wenn für Sie die Vorfinanzierung durch Partner oder Kunden keine Option ist, ist dies eine gute Übung, um Ihren Kundennutzen zu schärfen. Denn Kunden beteiligen sich nur dann an Ihrem Unternehmen, wenn Sie sich klar gegenüber Ihren Wettbewerbern differenzieren und über einen Kundennutzen verfügen, mit dem sich Ihre Kunden identifizieren können.

Der Kundennutzen ist der Kern Ihrer Marke – erfüllen Sie dieses Versprechen!

Wir alle kennen und lieben starke Marken. Auch Sie als Gründer wollen und müssen eine starke Marke bauen.

Allerdings verwechseln Gründer meist die eigentliche Marke mit ihrem Selbstbild: Die Marke ist nicht, was Sie über sich und Ihr Unternehmen denken, sondern was Ihre Kunden wahrnehmen und von Ihnen halten.

Das heißt, Sie müssen an Ihrem Kundennutzen (Value Proposition) arbeiten und so eine starke, attraktive Positionierung aufbauen, die Ihre Kunden aufmerksam macht, die sie schätzen und später vielleicht sogar lieben.

Bedenken Sie dabei immer, dass eine Value Proposition immer ein Versprechen ist. Um dieses zu erfüllen, braucht es, wie wir gleich sehen werden, neben einem guten Produkt noch weitere Aspekte.

Damit haben Sie das erste Element Ihres Geschäftsmodells und seine zwei Bausteine kennengelernt. Gehen Sie in die Welt hinaus und lernen Sie es noch besser kennen.

Übung: Nutzen für Kunden

Wer ist Ihr Kunde und welchen Nutzen schaffen Sie für ihn?

Übung: Nutzen für Partner

Wer sind Ihre wichtigsten Partner und welchen Nutzen haben sie?

Das zweite Element: Geschäftsstruktur

Wie schaffen Sie Begeisterung (Kundennutzen) für Ihre Kunden?

Beim zweiten Element geht es um die Struktur des Geschäftes. Um Angebot, Produktion, Vertrieb, Kommunikationskanäle, Kernfähigkeiten und Partner. Um die Struktur, die Sie für Ihr Geschäft aufbauen müssen.

Die Begeisterungsfabrik

Nun wissen Sie, dass am Anfang eines erfolgreichen Geschäftsmodells Liebe, Begeisterung und Freude Ihrer Kunden steht. Solange Sie kein Monopol haben, ist Ihr Erfolg von diesen emotionalen Faktoren abhängig.

Wie Sie diese Begeisterung produzieren, und zwar wörtlich, bestimmt Ihre Geschäftsstruktur. Erst jetzt stellt sich die Frage, was Sie genau anbieten und produzieren und damit das Versprechen einlösen, das Sie mit dem Kundennutzen gegeben haben. Es geht jetzt um die sichtbare Seite Ihres Unternehmens. Sozusagen um das, was im Schaufenster liegt und wie es dahin gekommen ist.

Sie sehen: Als Unternehmer haben Sie bis jetzt zwei Rollen: »Kundenversteher« und »Geschäftsarchitekt«. Beide Rollen greifen eng ineinander, denn die Erkenntnisse aus der einen Sichtweise verbessern die andere.

Ein Architekt mauert nicht

Ein Architekt gestaltet ein Haus und seine Einzelteile so, dass alles zusammenpasst und funktioniert. Er produziert die Bausteine allerdings nicht selbst; er mauert nicht und verlegt auch keine Leitungen, er sagt lediglich, was wo hingehört.

Als Unternehmer gehen Sie genauso vor: Gewisse Elemente Ihrer Produktion lagern Sie aus, andere übertragen Sie an Fachkräfte. Es ist nicht Ihre Aufgabe, alles selbst zu machen, sondern den Überblick zu behalten. Sie sind als Unternehmer der Geschäftsarchitekt.

Machen Sie das, wofür es genau Sie wirklich braucht

Folglich müssen Sie kein Profi für Buchhaltung, Marketing und Vertrieb sein. Aber Sie müssen ein Profi darin sein, diese Aufgaben intern und extern sauber zu verteilen und zu überwachen.
Wenn Sie glauben, trotzdem alles selbst machen und können zu müssen, haben Sie ziemlich sicher das falsche Geschäftsmodell gewählt. Denn selbst ein Einmannbetrieb generiert Aufgaben, die in ihrer Gesamtheit diesen einen Mann von der Ausübung seiner Kerntätigkeit abhalten – Beispiel Buchhaltung.

Konzentrieren Sie sich also auf die Aufgaben, bei denen es genau Sie braucht, bei denen Sie unersetzlich sind, und geben Sie alles andere in geschickte Hände.

Ihre zwei Rollen allerdings können Sie nicht auslagern: »Kundenversteher« und »Geschäftsarchitekt«. Später lernen Sie übrigens noch zwei zusätzliche Rollen kennen, die Sie als Gründer ausüben: »Basisökonom« und »Teambauer«.

Der dritte Baustein: Angebot

Was ist Ihr Angebot?
Was verkaufen Sie genau?

Überlegen Sie sich, was Sie Ihren Kunden genau verkaufen – ist es ein Produkt, eine Dienstleistung oder eine Kombination aus beidem? Überlegen Sie sich, was der Kunde genau kauft, was er erhält und was auf der Rechnung steht. Wie Tetra Pak gezeigt hat, ist das nicht immer ganz einfach, was Sie wirklich verkaufen.

Übung: Angebot beschreiben

Verfassen Sie jetzt einen kurzen Text, der Ihr Angebot so präzise wie möglich beschreibt. Wie würde die Schlagzeile dazu lauten? Denken Sie daran: Der Leser (Ihr Kunde) muss verstehen, was er hier kaufen kann!

Zeigen Sie das Ergebnis potenziellen Kunden. Fragen Sie, ob sie verstehen, was Sie sagen. Optimieren Sie den Text.

Wissen Sie jetzt, was Sie verkaufen?

Waren Sie so exakt wie möglich? Was können Sie noch hinzufügen oder entfernen, um noch klarer und präziser zu sein? Sind Sie schon Kundenversteher genug und haben dadurch die Kundensicht eingenommen? Oder verstehen nur Sie Ihre Angebotsbeschreibung?
Dieser Antwortprozess klingt einfach, ist aber harte Arbeit. Seien Sie ehrlich und testen Sie Ihre Angebotsbeschreibung. Sie muss jedem restlos klar sein. Ungenauigkeiten werden Sie später Nerven und Geld kosten.
Ist Ihnen zu diesem Zeitpunkt mehr Genauigkeit nicht möglich, dürfen Sie besten Gewissens zum vierten Baustein übergehen.

Der vierte Baustein: Vertriebs- und Kommunikationswege

Wie erreicht Ihr Angebot Ihre Kunden? Wie kommunizieren Sie mit Ihren Kunden?

Überlegen Sie sich, wie das, was Sie verkaufen, zu Ihren Kunden kommt. Kommen Ihre Kunden zu Ihnen? Haben Sie einen Laden? Oder verzichten Sie bewusst darauf, verkaufen Sie über einen Online-Shop?
Überlegen Sie sich, wie Ihre Vertriebswege aussehen. Gibt es Händler? Haben Sie direkten Kontakt mit dem Endkunden?
Überlegen Sie sich auch, was auf diesen Wegen alles transportiert wird: Hier kommt nicht nur ein Produkt an seinen Zielort, sondern auch der Kundennutzen.

Direkter oder indirekter Vertrieb – eine kleine Gegenüberstellung

Direkter Vertrieb

Der direkte Vertrieb erfolgt ohne Zwischenhändler. Ihr Produkt geht direkt von Ihnen zu Ihrem Endkunden. Entweder durch Ihre Verkäufer, Telefonverkäufer, Website oder Ihre Geschäfte.
Der Vorteil ist, dass Sie jederzeit kontrollieren, wie Ihr Angebot positioniert wird. Sie stellen die Verkäufer an und schulen sie. Gerade Luxusmarken wie Dior, Prada oder Cartier setzen verstärkt auf den direkten Vertrieb, da sie in ihren Monobrand-Geschäften das Ambiente und die Präsentation ihres Angebots genauestens kontrollieren können. Sie können so garantieren, dass der Verkauf genau ihrer Markenidentität entspricht.
Das heißt aber nicht unbedingt, dass die Geschäfte direkt von Dior betrieben werden, sondern dies können auch Franchisepartner übernehmen, denen Dior genauestens vorgibt, wie die Geschäfte auszusehen haben, wie sich das Personal zu verhalten hat und wie das Angebot präsentiert wird.
Auch große Ketten wie McDonald's oder Burger King verwenden Franchisenehmer für den Vertrieb. Selbst Franchisegeber zu sein kann ein interessantes Geschäftsmodell sein. Viele Unternehmen, die auf schnelles Wachstum setzen, wie Fressnapf oder Subway Sandwich, nutzen Franchise.

Indirekter Vertrieb

Hier wird der Vertrieb durch einen unabhängigen Händler oder Partner abgewickelt. Sie haben keinen Kontakt zum Endkunden. Ihr Kunde ist der Händler.
Sie können Ihr Angebot so schneller und breiter zu Ihrer Kundschaft transportieren. Sie haben aber weniger Einfluss, wie Ihr Angebot präsentiert wird. Denken Sie an den Supermarkt, wo Produkte wie Deos verschiedenster Hersteller im gleichen Regal liegen. Die Deohersteller können dank der Supermärkte ein großes Publikum erreichen, haben aber wenig Einfluss auf die Präsentation ihrer Ware.
Das Gleiche gilt, wenn Sie Installateure als Partner brauchen, um Ihre Produkte beim Kunden einzubauen. Dank der Installateure können Sie zwar viele Kunden erreichen, aber gleichzeitig müssen Sie die Qualität der Installateure kontrollieren, damit nicht nur Ihre Produkte gut, sondern auch

richtig installiert sind. Daran scheitern heute viele Unternehmen, die gute Produkte herstellen, es aber nicht schaffen, dass sie so eingebaut werden, um im Betrieb optimal zu funktionieren.
Wenn Sie sich für einen indirekten Vertrieb entscheiden, müssen Sie für Ihre Vertriebspartner eine gute Value Proposition haben. Sie müssen die Frage beantworten: Warum soll Ihr Vertriebspartner gerade Ihr Angebot in sein Sortiment aufnehmen?

Die schöne Geschichte vom verfolgbaren Tee

Die »Teekampagne« wurde 1985 von Günter Faltin gegründet und ist ein Beispiel für ein innovatives Vertriebsmodell: Unter Umgehung jeglichen Zwischenhandels wird Tee aus dem Anbaugebiet Darjeeling direkt vom Erzeuger importiert und in Großpackungen verkauft. Dadurch verdient der Erzeuger mehr, und der Verkäufer ist dennoch wettbewerbsfähig beim Endverkaufspreis: über 50 Prozent gehen an den Produzenten. Beim traditionellen Teehandel sind es höchstens 25 Prozent. Die Teekampagne konnte zudem Einfluss auf die Anbaubedingungen nehmen und die nachhaltige Landwirtschaft fördern, sodass heute nur noch zertifizierter Biotee angebaut wird, unter Einhaltung hoher Sozialstandards. Die Käufer können genau zurückverfolgen, wann und wo der Tee gepflückt wurde und wie er nach Europa gelangt ist.
Der Kundennutzen besteht bei diesem Modell neben dem Genuss von hochwertigem Tee auch aus einem moralischen Mehrwert. Die Transparenz des Geschäftsmodells ist dabei ein Teil der Kommunikation mit dem Kunden.

Die schöne Geschichte von den Unterputzspülkästen

Die Schweizer Firma Geberit, ein Anbieter von Sanitärtechnik, ist weltweit in 50 Ländern tätig. In Deutschland ist in jedem zweiten Haushalt ein Unterputzspülkasten von Geberit installiert.[10]
Geberit hat früh erkannt, dass ihre Kunden nicht die Hausbesitzer sind, sondern die Sanitärinstallateure, die für die Hausbesitzer tätig sind und sie beraten. Daher hat Geberit sämtliche Vertriebsaktivitäten auf die Installateure ausgerichtet und unterstützt sie mit Schulungen, Planungssoftware und gut gemachten Handbüchern, immer

mit dem Ziel, ihnen die Arbeit so angenehm wie möglich zu gestalten.
Das heißt, Geberit verkauft zwar seine Produkte an die Hausbesitzer, richtet sich aber konsequent auf die Handwerker aus, die tatsächlich mit den Produkten arbeiten. Deren Nutzen besteht in einem reibungslosen Arbeitsalltag – neben der guten Qualität ein wesentlicher Faktor für den Erfolg von Geberit. Das Geschäftsmodell von Geberit finden Sie auf Seite 122.

Die schöne Geschichte von den Kunden, die beim Verkauf mithelfen

Es war einmal eine Frau namens Brownie Wise, und sie war tatsächlich sehr weise. Sie baute ein soziales Netz auf, dem sie Tupperware-Plastikschalen verkaufte, die sie sehr günstig beziehen konnte. Diese Anlässe nannte sie Tupperware-Partys. Tupperware verkaufte seine Waren zu jenem Zeitpunkt nicht sehr gut. Der Vertrieb wurde über Haushaltswarengeschäfte abgewickelt, doch das Alleinstellungsmerkmal der Tupperware-Schalen, ein Sicherheitsverschluss, konnte nicht genügend herausgestellt werden. Tupperware hörte irgendwann von den Heimvorführungen bei Frau Wise, die daraufhin Vertriebsverantwortliche im Unternehmen wurde. Die Tupperware-Partys, deren Kundennutzen primär im fröhlichen Beisammensein mit anderen Frauen bestand, wurden für lange Zeit ein großer Erfolg, auch deshalb, weil Brownie Wise die Unternehmenskultur dahin gehend prägte, auf Anreize für noch mehr Verkäufe zu setzen.
Sie ermöglichte so in den 1950er-Jahren eigenständige Karrieren für Hausfrauen, schaffte es als erste Frau auf das Cover von *Business Week* und gründete ein Vertriebsmodell, das hundertfach kopiert wurde.[11]

Übung: Vertriebsweg

Wie möchten Sie Ihr Angebot vertreiben? Wie sehen Ihre Vertriebswege aus?

Übung: Kunden als Vertriebspartner

Was können Sie machen, damit Ihre Kunden beim Verkauf Ihres Angebots mithelfen? Schreiben Sie drei Ideen auf. Kommt Ihnen keine in den Sinn? Egal. Vielleicht finden Sie später eine gute.

Ein Wort der Warnung

Wenn wir hier von direktem Vertrieb durch Ihre Kunden sprechen, meinen wir nicht Strukturvertriebe oder Schneeballsysteme, deren einziger Wert darin besteht, für die Gründer Geld zu verdienen, und die keinen oder einen sehr geringen Nutzen für die Kunden schaffen, sondern wir meinen Unternehmen, die begeisterte Kunden einbinden, um mehr Kunden mittels Mundpropaganda zu erreichen. Dies geht am besten über einen Kundennutzen, der Ihre Kunden überzeugt und zu nachhaltigen Botschaftern Ihres Unternehmens macht.

Kommunikation als Kunst

In diesem Kapitel geht es nicht nur darum, wie Sie den Vertrieb organisieren, sondern auch, wie Sie kommunizieren. Sie kommunizieren immer, ob Sie es wollen oder nicht. Man kann nicht nicht kommunizieren, sagte Paul Watzlawick.[12]

Wenn Ihre Website gut strukturiert und aus Kundensicht geschrieben ist, zeigt das, dass Sie den Kunden schätzen. Eine Website, die nach internen Abteilungen aufgebaut ist, kommuniziert, dass Sie mit sich selbst beschäftigt sind und nicht mit den Bedürfnissen Ihrer Kunden. Leider ist das bei vielen Großunternehmen der Standard.

Kommunikation ist nicht Werbung und PR, sondern meint, wie Sie mit dem Kunden kommunizieren. Betreiben Sie eine Kundenhotline, die nicht nur das Kundenproblem versteht, sondern auch löst? Auch Ihre allgemeinen Geschäftsbedingungen kommunizieren Ihre Grundeinstellung. Das kann auch in die Hose gehen, wie bei der Ergo Versicherung. Sie hat eine große Werbekampagne unter dem Slogan: »Ich will versichert werden. Nicht verunsichert« lanciert. Wer würde eine solche Versicherung nicht lieben, die klare und verständliche Verträge ohne Fallstricke hätte? Nur erfüllten bei der Ergo die allgemeinen Versicherungsbedingungen nicht ihr selbst gestecktes Ziel der Verständlichkeit. Die gute Kampagne wurde so zum Eigentor. Schade, die Kunden hätten sich gefreut, wenn es wahr gewesen wäre.

Sie sehen, Kommunikation ist eine große Kunst. Was Sie kommunizieren, haben Sie in der Value Proposition festgelegt. Wie Sie das jetzt dem Kunden vermitteln wollen, erklären wir hier, aber letztlich kommunizieren alle Bestandteile Ihres Geschäftsmodells, ob Sie Ihre Value Proposition auch wirklich erfüllen.

Zara: Keine Werbung kann auch Kommunikation sein

Zara kennt jede Frau. Männer weniger, müssen sie auch nicht, da Frauen das Zielsegment von Zara sind. Zara fällt Männern nur auf, weil so viele Frauen mit den Papiertaschen von Zara durch die Welt laufen und Frauen immer wieder zu Zara wollen. Zara schaltet keine klassische Werbung. Wie kommuniziert Zara mit seinen Kundinnen? Zara ist ganz altmodisch. Sie glauben, dass die Lage ihres Geschäftes entscheidend ist. Sie suchen nicht Toplagen, sondern noch höherwertige Premiumlagen für ihre Flagstore-Läden. So hat Zara in der Schweiz ihr erstes Ladengeschäft im Jelmoli, dem edelsten Kaufhaus Zürichs, eröffnet. Nicht mit einem kleinen Shop-in-Shop, sondern mit einem riesen Konsumtempel über drei Etagen im großen Lichthof Jelmolis. So haben alle potenziellen Kundinnen schnell von Zara gehört.
Die Kundinnen habe auch sehr schnell die Positionierung von Zara verstanden. Spannende und inspirierende Mode, die nicht jede hat, zu einem guten Preis. Zara ist nicht nur innovativ bei der Kommunikation, sondern auch beim Angebot und der Value Proposition. Zara hat Kollektionen abgeschafft. Es gibt keine Herbst- oder Sommerkollektion. Immer wieder kommen neue Kleider ins Geschäft. Immer nur wenige Stück pro Größe, sodass die Kundinnen immer wieder kommen müssen, um nicht das Beste zu verpassen. Sonst könnte es ihre Freundin haben. Sie sehen, Zara versteht Frauen.
Sie sehen, auch Ihr Angebot kann kommunizieren. Es muss sogar, wenn Sie das Richtige gründen wollen. Das Angebot muss klar Ihre Value Proposition kommunizieren.

Nicht kommunizieren kann auch eine gewollte Kommunikation sein

Apple ist Meister der Nicht-Kommunikation. Kunden und Presse machen PR für das Unternehmen. Das kann nicht jeder. Apple kann es, weil es ein unverwechselbares Geschäftsmodell hat. Die PC-Hersteller müssen immer laut schreien, damit Sie überhaupt wahrgenommen werden. Nur: Wächst das Vertrauen der Kunden in die PC-Hersteller, wenn sie wie Marktschreier ihr austauschbares Angebot anpreisen?

Mundpropaganda: Der Kunde als Hauptpromotor Ihres Geschäftes

Wie können Sie begeisterte Kunden als Promotoren Ihres Geschäftes einsetzen? Sie können darauf vertrauen, dass Kunden von Ihnen erzählen. Sie können aber auch versuchen, den Kunden aktiv die Möglichkeit der Weiterempfehlung zu geben. Das kann die Postkarte sein, die vom Hotel kostenlos für Sie versandt wird.
Sie können dieses Potenzial der Weiterempfehlung ins Angebot einbauen, sodass mögliche Kunden mitbekommen, wenn ein anderer Kunde Ihr Angebot verwendet. Denken Sie an Dropbox, einen Service, der Ihnen ermöglicht, über verschiedene Computer Ihre Daten zu synchronisieren und mit Freunden zu teilen. So sieht jeder Ihrer Freunde, dass Sie Dropbox verwenden und welchen Nutzen es bietet. Für die Weiterempfehlung werden Sie mit mehr Speicherplatz belohnt. Das ist intelligent, da alle etwas von der Kundenempfehlung haben.

Die Kommunikation muss zu Ihnen passen

Widerstehen Sie der Tendenz, einfach das zu machen, was alle machen. Heute sind Social Media ein Hype. Die sogenannten Social-Media-Evangelisten versuchen Firmen zu überzeugen, dass ein Unternehmen ohne die Nutzung von Instagram, Facebook und so weiter nicht überleben kann. Apple hingegen kann das durchaus, weil Apple ein gutes Geschäftsmodell hat.
Social Media sind genial, wenn es zu Ihrem Geschäftsmodell passt und Sie sowie Ihren Kunden über diese Medien auch etwas zu sagen haben. Alle Kommunikationswege müssen zu Ihrem Geschäftsmodell passen und umgekehrt. Keine leichte Angelegenheit.

Thömus oder wo die Kundenfamilie schon immer im Mittelpunkt stand

Thomas Binggeli ist ein Freak, ein Verrückter. Mit 17 gründet Thömu, so sein Spitzname, das Radgeschäft »Thömus« auf dem Bauernhof seiner Eltern in Oberried bei Bern. Die Gerüchte gehen, dass er die Schafe verkauft habe, um das Startkapital zu beschaffen und für Platz im Stall zu sorgen. Früh mischte er mit seinem Thömus Racing Team in der Mountainbike-Community mit.
Er merkte schnell, dass der Fahrradkauf für seine Kunden nur der Beginn einer kollektiven Liebesbeziehung ist. Das Fahren mit Gleichgesinnten im tollen Gelände, das gemeinsame Erlernen der Technik für abenteuerliche Singletrails ist der wahre Grund, warum die Kunden teure Velos kaufen.
Thömu organisierte und unterstützte seine »Familie«: Bei Hobbyrennen treten seine Teams an, in seiner Bike Academy zeigt er seine besten Tricks, und auf Transalps kann man gemeinsam die Alpen genießen. Man kennt und schätzt sich. Thömu hatte schon immer einen regen Austausch mit seinen Kunden. Zuhören und gemeinsam am Besten arbeiten ist die DNA des Unternehmens, und so erstaunt es nicht, dass Thömu und seine Kunden sehr gerne Social Media verwenden, als moderne Interpretation ihres schon früh gepflegten Familienanschlusses.
Dass seine Velos von bester Qualität sind, versteht sich von selbst. Hightech vom Bauernhof. So fährt heute auch Leonardo DiCaprio ein E-Bike von Thömus, den »Stromer«. Den hat Leonardo gekauft und sich nicht etwa schenken lassen. Und nicht nur eins, sondern gleich mehrere, damit er seine Begeisterung auch mit Freunden teilen kann.
Wenn Ihr Geschäftsmodell klasse ist, dann reden Ihre Kunden darüber. Allerdings auch, wenn es schlecht ist.

Übung: Kommunikationskanäle

Was sind die wichtigsten drei Kommunikationskanäle für Ihr Geschäft? Wie wollen Sie diese bespielen? Wie könnten Sie Weiterempfehlung schon in Ihr Geschäftsmodell einbauen?

Der fünfte Baustein: Produktion

Was sind die wichtigsten Schritte der Produktion? Welche Aktivitäten müssen Sie selbst ausführen? Welche können Sie an Partner auslagern?

Überlegen Sie sich, wie Sie genau produzieren, was Sie also genau unternehmen, um den Kundennutzen zu realisieren.
Überlegen Sie sich, was Sie tun müssen, Schritt für Schritt, bis der Kunde Ihr Angebot in Händen hält (auch wenn er am Ende nichts Physisches bekommt). Wir nennen es Produktion oder Produktionsprozess. Es sind Ihre wichtigsten Aktivitäten.
Und denken Sie daran: Der Kunde will nicht nur ein Produkt, er will vor allem einen Wert.
Viele Gründer produzieren übrigens nichts, sondern bieten Dienstleistungen oder Kombinationen von Produkt und Dienstleistung an. Auch hier kann man von Produktion sprechen, denn auch wenn nichts Physisches hergestellt wird, so existiert doch ein Prozess, an dessen Ende ein Angebot steht.

Was sind die wichtigsten Schritte in Ihrer Produktion? Welche Teile kaufen Sie ein, und wie organisieren Sie diesen Einkauf? Was produzieren Sie selbst, was produzieren andere für Sie? Wie kommt Ihr Angebot zum Vertrieb? Wie vertreiben Sie das Angebot? Und wie wickeln Sie Kundenreklamationen ab?
All diese Schritte zusammen bilden die Wertschöpfungskette oder eben die Produktion.

Kleine Zeichenstunde: der Produktionsprozess

Für viele Unternehmer hört sich das Thema Produktionsprozess abstrakt an, ganz einfach, weil sie tun, was getan werden muss: Für den Bäcker ist es logisch, Mehl und andere Zutaten einzukaufen, den Teig morgens vorzubereiten und frisch zu backen. Und die frischen Backwaren dann in der Bäckerei zu verkaufen. Das macht der Bäcker.
Ist das wirklich so?

Klassischer Bäcker

Discountbäcker

Backdiscounter machen es radikal anders. Nicht Mehl wird eingekauft, sondern Teigrohlinge, die dann bei Bedarf aufgebacken werden. Sie haben kein Verkaufspersonal, sondern die Kunden bedienen sich selbst. Hier wird nur von Mitarbeitern einkassiert. Da wird nichts mehr frisch gebacken, sondern frisch aufgebacken. Die Teiglinge werden in einer Fabrik zentral hergestellt.

In der Produktion ist Musik drin

Am Anfang können Sie nur die wichtigsten Aktivitäten aufzeichnen. Später müssen Sie mehr ins Detail gehen. Das ist wie beim Architekten. Am Anfang stehen der 1:100-Plan und Modelle. Später kommt die Detailplanung.

Als Geschäftsarchitekt gehen Sie ähnlich vor. Erst die Gesamtsicht, dann das Detail. Denken Sie daran, dass alles kommuniziert, auch das Detail. Beim Bäcker auch die Verpackung. Ist es ein schön gemachter Papiersack, eine billige Plastiktüte? Oder Zara. Den papierenen Einkaufssack nutzt Zara als Kommunikationsmittel.

Apple hat das Auspacken seiner Rechner zum Erlebnis gemacht. Viele Wows. Ein PC-Käufer kann sich nicht einmal vorstellen, dass Auspacken irgendeinen Lustgewinn beinhalten sollte. Wenn Sie es nicht glauben, dann schauen Sie mal unter »unboxing« bei YouTube.

Übung: Produktion

Zeichnen Sie Ihren Produktionsprozess auf. Einen Teil davon, den Vertrieb, haben wir im vorangegangenen Kapitel behandelt. Nehmen Sie ihn aber dennoch auf, er gehört dazu.
Überlegen Sie sich bei jeder Aktivität Folgendes:

- Machen wir das selbst? Kann es jemand besser? Wer?
- Können wir gewisse Schritte zum Kunden auslagern (so wie es IKEA mit dem Transport und dem Zusammenbau der Möbel macht)?
- Können wir unsere Kernaktivitäten anders gestalten als üblich in unserer Branche, wie IKEA das gemacht hat?
- Was können wir im Gegenzug dem Kunden noch abnehmen, damit sein Leben leichter und seine Liebe zu uns größer wird?

Sie sind sich noch nicht sicher? Macht nichts.

Sie haben Ihre Geschäftsstruktur aufgezeichnet, sind sich aber nicht sicher, was Sie auslagern möchten? Macht nichts. Sie müssen nicht alles auf einmal festlegen. Wichtig ist, dass Ihnen klar wird, dass Sie nicht alles selbst machen müssen, ja dürfen, und dass Ihr Geschäftsmodell umso größere Chancen hat, erfolgreich zu sein, je klarer Sie die Schritte Ihrer Produktion definieren.

Der sechste Baustein: Kernfähigkeiten

**Welche Fähigkeit haben Sie?
Wo bringen Sie diese ein?**

Überlegen Sie sich, was genau Sie alles können. Was sind Ihre Stärken, die Sie zusätzlich in Ihr Unternehmen einfließen lassen?
Als Gründer haben Sie vermutlich nicht viel mehr als eine gute Idee und einige wenige Ressourcen (Geld, Mitarbeiter et cetera). Beim sechsten Baustein geht es darum, Sie mit Ihren Fähigkeiten zu verbinden und herauszufinden, wie Ihnen diese nützlich sein können.
Legen Sie dieses Buch kurz weg und denken Sie – bei einem Spaziergang, mit einer kleinen Meditation, beim Duschen – über die Dinge nach, die Ihnen leichtfallen. Was können Sie gut?

Fähigkeiten sind kleine Helferlein

Fähigkeiten sind Dinge, die Sie gut können, die keine Mühe kosten, die leichtfallen, die Sie gerne machen. Viele davon fallen Ihnen gar nicht auf – denn sie fallen Ihnen ja leicht.
Für Ihr Unternehmen können Ihnen einige dieser Fähigkeiten sehr hilfreich zur Seite stehen, egal, wie banal sie sind.
Sie sind ein guter Zuhörer? Das wird Sie zu einem guten Chef machen.
Sie sind strukturiert? Das wird Ihre Dokumentenablage vereinfachen und die Zusammenarbeit mit Ihnen ebenso.
Sie sind ein guter Erzähler? Das wird Ihnen helfen, für Ihr Angebot Investoren und Kunden zu finden.
Keine falsche Bescheidenheit! Wir alle können viele Dinge gut. Manche können wir sogar sehr gut. Niemand kann nichts. Also schreiben Sie jetzt alles auf, was Ihnen in den Sinn kommt:
Was kann ich gut? Was mache ich gerne? Wofür bekomme ich immer wieder Anerkennung?

Fähigkeiten meines Teams

Wiederholen Sie die Übung mit Ihren Gründerkollegen – aus Ihrer Perspektive. Gleichen Sie die Erkenntnisse mit den einzelnen Selbstwahrnehmungen ab (natürlich muss jeder der Gründer diese Übung machen).
Nun kennen Sie viele Ihrer Fähigkeiten. Aber welches ist Ihre Kernfähigkeit?

Was ist die schönste Blume im Strauß?

Eine Kernfähigkeit erfüllt folgende Kriterien:

- Sie hat für Ihre Kunden einen Wert;
- sie ist zentral für den Kundennutzen;
- sie ist schwer imitierbar;
- sie ist nicht nur für ein einziges Angebot nützlich, sondern für mehrere.

Was ist Ihre Kernfähigkeit? Worin sind Sie nicht nur gut, sondern herausragend gut?
Wofür stehen Sie? Wodurch sind Sie für Partner und Kunden nicht nur interessant, sondern schlicht unentbehrlich?

Das ist Ihre Kernfähigkeit. Einige Kernfähigkeiten werden Sie am Anfang nicht im Unternehmen haben. Sie müssen Sie später in Ihrer Gründungsphase aufbauen.

Übung: Kernfähigkeiten

Schreiben Sie Ihre Kernfähigkeiten nieder, die Sie jetzt schon haben, aber auch die, die Sie zu Kernfähigkeiten aufbauen wollen.

Der siebte Baustein: Partner

Welche Partner brauchen Sie für Ihr Geschäft? Was zeichnet diese Partner aus?

Überlegen Sie sich, wer die Aufgaben übernimmt, die Sie im letzten Kapitel als jene identifiziert haben, für die Sie nicht zuständig sind.
Ein Partner ist ein Unternehmen, das für Ihr Geschäft so wichtig ist, dass es ohne nicht ginge.
Ein Lieferant ist nicht zwingend ein Partner – eine Druckerei beispielsweise können sie schnell und leicht austauschen, ein Anbaugebiet für Tee weniger.
Ein wichtiger Punkt ist der Nutzen, den Sie für Ihre Partner stiften.
Fragen Sie sich jetzt:
Welche Partner brauchen wir? Welche Rolle sollen sie spielen? Was haben sie von der Zusammenarbeit mit uns? Welche Alternativen gibt es?
Fragen Sie nicht, was Ihre Partner für Sie tun können – fragen Sie, was Sie für Ihre Partner tun können!
Die Welt braucht Sie nicht, das wissen Sie bereits. Ihre Partner brauchen Sie aber auch nicht. Sie sind längst im Markt etabliert. Und jetzt kommen Sie und wollen etwas von ihnen. Das freut sie, denn sie können Ihnen etwas verkaufen. Aber warum sollten sie das tun? Was bieten Sie genau – neben Geld?
Wie in einer guten Ehe ist es auch in der Wirtschaft unerlässlich, dass Beziehungen passen. Sie brechen sonst nämlich früher oder später wieder auseinander (eher früher).
Fragen Sie sich also nicht nur ganz ehrlich, was Sie Ihren Kunden bringen – genauso wichtig ist es, was Ihre Partner von Ihnen haben. Warum sind Sie ein interessanter Kunde?
Sie besitzen den siebten Baustein erst, wenn Sie nicht nur Ihre Partner definiert haben, sondern auch den Nutzen, den Sie ihnen bringen. Sie brauchen also zwingend eine Value Proposition für Ihren Partner – einen Partnernutzen zusätzlich zum Kundennutzen.

Übung: Partner

Wer sind Ihre Partner und was zeichnet die Partner aus, dass Sie gerade mit diesen zusammenarbeiten wollen?

Langsam, langsam!

Blättern Sie das Buch einfach nur so durch? Heben Sie sich die Fragen für später auf und lesen einfach weiter? Halt! Dieses Buch funktioniert nur, wenn Sie die Fragen und das Artikulieren der Antworten ernst nehmen. Das Innehalten, die Distanz zu sich selbst und die Überlegungen, die man macht, sind essenziell für den Erfolg.

Wollen Sie erfolgreich sein? Dann seien Sie geduldig. Mit sich selbst. Mit Ihrem Geschäft. Mit der Welt.

Das dritte Element: Ertragsmodell

Wie verdienen Sie Geld?

Beim dritten Element geht es ums Geld.
Um Kosten und Erträge.
Um den Profit, den Sie verdienen müssen.

Der achte Baustein: Kostenstruktur

Was kostet Sie Geld? Wie flexibel sind Ihre Kosten?

Überlegen Sie sich, welche Kosten bei Ihnen anfallen. Ihre Geschäftsstruktur bestimmt die Antworten auf diese Fragen bereits sehr präzise. Umgekehrt können die Antworten Ihre Geschäftsstruktur beeinflussen. Oder anders gesagt: Indem Sie sich nun bewusste Gedanken über Ihre Kosten machen, können Sie Ihre Geschäftsstruktur noch verbessern.
Klären Sie also jetzt, wofür Sie Geld benötigen werden.
Prüfen Sie danach noch einmal Ihre Geschäftsstruktur und nehmen Sie, wo nötig, Anpassungen vor.

Ein Geschäft kostet immer Geld – Sie entscheiden, wie viel

Fixkosten, variable Kosten, Investitionskosten – Geschäfte sind immer auch mit Geldausgeben verbunden. Wie Sie Geld ausgeben und wie viel, hängt von Ihrer Geschäftsstruktur ab. Sie legen darin Ihre laufenden Kosten fest und die Investitionen, die Sie anfänglich tätigen werden. Lagern Sie die Produktion aus, müssen Sie Geld für den Einkauf der Ware bezahlen. Produzieren Sie hingegen selbst, müssen Sie Räumlichkeiten für die Lagerung anmieten, Arbeiter bezahlen und Maschinen kaufen.
Das heißt, die Geschäftsstruktur beeinflusst die Kosten. Je mehr Aktivitäten Sie an Partner auslagern, desto geringer werden Ihre Investitionskosten, dafür steigen Ihre variablen Kosten, oder anders gesagt: Die Marge pro verkauftes Produkt sinkt.

Übung: Kostenstruktur

Was sind Ihre größten Kostenblöcke? Zu welchem Zeitpunkt fallen sie an?
Wie flexibel sind Ihre Kosten in Bezug auf Ihren Umsatz?

Der neunte Baustein: Ertragsquellen

Womit verdienen Sie Geld? Was steht genau auf den Rechnungen, die Sie schreiben?

Überlegen Sie sich, mit was genau Sie Geld verdienen. Woher kommt es? Von wem? Warum?
In welcher Art und Weise entgelten Ihre Kunden Sie für Ihre Leistung?
Denken Sie daran: Das Ertragsmodell ist nicht gegeben! Nur weil alle vor Ihnen das Gleiche gemacht haben, heißt es nicht, dass dies die absolute Wahrheit ist.
Denken Sie daran: Sie verkaufen kein Produkt. Sie verkaufen einen Nutzen für Ihre Kunden.
Verbinden Sie also Ihr Ertragsmodell mit Ihrem Kundennutzen, Ihrer Value Proposition.

So, so, Sie glauben, Sie würden für Ihr Angebot bezahlt?

Bei den Ertragsquellen legen Sie fest, wie Sie Umsatz erwirtschaften, also in welcher Weise Ihre Kunden Sie für Ihre Leistung bezahlen.

Eine Tankstelle beispielsweise verkauft Benzin (Ertragsquelle 1) und im Shop zusätzlich Dinge wie Snacks, Getränke et cetera (Quelle 2).
Nun denken Sie: Okay, und die Bäckerei verkauft ihre Brötchen und der Kleiderladen seine Kleider, beides wird beim Verkauf direkt bezahlt. Alles klar. Eben nicht.

Kaffee als Miete

Nichts ist so, wie es scheint. Starbucks ist im Luxussegment tätig. Der Kaffee ist teuer, sehr teuer. Nun würde man meinen, dass in wirtschaftlich schwierigen Zeiten weniger vom teuren Kaffee getrunken wird. Stimmt aber nicht.
Starbucks ist gut durch wirtschaftlich schwierige Zeiten gekommen. Warum? Starbucks verkauft keinen Kaffee, sondern eine kleine Auszeit vom Alltag und die Möglichkeit, außerhalb des Büros zu arbeiten, WLAN sei Dank. Bei Starbucks können Sie den ganzen Tag verbringen. Keiner wirft Sie raus, weil Sie nicht genügend konsumieren. Starbucks ist Ihr verlängertes Wohnzimmer und Büro, mit Kaffee.
Der Kaffee ist die Miete für den Aufenthalt bei Starbucks. Das haben entlassene Angestellte

in Amerika sehr schnell verstanden. Sie konnten von zu Hause weg, zu einem Ort, wo sie sich wohlfühlten, wo sie unter Menschen waren, wo sie für ihre Bewerbungen im Internet recherchieren oder als Freelancer arbeiten konnten. Bezahlt wurde der Aufenthalt mit einem Kaffee, oder mehreren. Start-ups machen das auch so. Wir haben viele Treffen mit Gründern bei Starbucks gehabt. Wer hat schon ganz am Anfang das Geld für einen Konferenzraum? Aber für einen Kaffee reicht es immer.
Man nimmt das Ertragsmodell seiner Branche meist als gegeben hin – weil man vom Angebot ausgeht.
Aber Sie wissen ja nun: Wir gehen vom Kundennutzen aus.

Nicht das Produkt macht uns reich, sondern der Kundennutzen

Das klassische Unternehmerdenken gibt dem Angebot einen Preis. Das ist nicht falsch. Besser ist es jedoch, wenn Sie dem Kundennutzen einen Preis geben. Warum?
Weil Sie dadurch erstens Ihren Blick auf den Kundennutzen richten und zweitens auf Ihren Kunden, drittens aber vor allem frei im Kopf bleiben. Der Markt ist immer in Bewegung, der Kundennutzen auch. Wenn Sie Ihren Produkten einen Preis geben, können Sie ins Hintertreffen geraten, da Sie nur noch auf Marktbewegungen Ihrer Wettbewerber reagieren.
Erinnern Sie sich an Nespresso? Würden Sie dem Produkt (Kaffeepulver) einen Preis geben, wäre es völlig überteuert. Der Kundennutzen besteht aber aus einem wohlriechenden, sehr einfach zubereiteten Espresso. Und dafür ist der Preis genau passend.
Lösen Sie sich bei der Preisgestaltung von Ihrem Produkt. Fragen Sie sich, wieder einmal, was Sie genau verkaufen, was Ihr Kunde also von Ihrem Angebot hat. Er bezahlt Sie für den Nutzen, nicht für das Produkt! Also beziffern Sie den Nutzen.

Wie aus schlechten Kunden gute wurden – eine kleine Ertragsmodellgeschichte

Starre Annahmen können gute Geschäftsmodelle verhindern – oder gewisse Personen als schlechte, nicht lohnenswerte Kunden betrachten. In den Anfängen der Mobilkommunikation galten Ausländer und Jugendliche als weniger solvente Kunden, da man bei beiden von mangelnder Kreditwürdigkeit ausging und ihnen dadurch ungern eine Rechnung stellen wollte. Ausländer mussten in der Schweiz sogar eine Kaution zahlen, wenn sie einen Mobilfunkvertrag abschlossen, was viele zu Recht als diskriminierend empfanden.
Den Anbietern fiel kein besseres Ertragsmodell ein, und sie hinterfragten das bestehende – Leistung gegen Monatsrechnung – lange nicht. Bis sie endlich ein neues Ertragsmodell erfanden.
So telefonieren heute sehr viele Jugendliche mit einem Handy, und sogar in Ländern, in denen es keinen funktionierenden Staat und keine Rechnungsadressen gibt, wird rege telefoniert. Das Stichwort heißt Prepaid.
Durch Prepaid bekommt man das Geld für seine Leistung, bevor man sie erbringt. Für viele Firmen bietet das nicht nur Sicherheit, sondern manchmal sogar die einzige Möglichkeit, überhaupt den Markt betreten zu können.
So wurden aus weniger guten Kunden plötzlich sehr gute. Und aus brachliegendem Geld viel Umsatz.

Und plötzlich waren Socken spannend

Eine andere Geschichte über ein interessantes Ertragsmodell kommt aus dem Hause Blacksocks. Socken sind kein aufregendes Produkt. Mitunter werden sie als Erotikkiller bezeichnet. Ja, es ist sicher nicht falsch, zu behaupten, Socken seien etwas sehr Langweiliges. Man kauft sie so nebenbei, niemand fährt extra für Socken in die Stadt. Noch mehr Zustimmung wird man mit der Behauptung gewinnen, Socken gehören keinesfalls unter den Weihnachtsbaum.
Der Schweizer Samy Liechti hat sie trotzdem dorthin gelegt und erntete Zustimmung. Was hat er genau gemacht?
Auch Liechti hat Socken. Und er ärgerte sich immer wieder: Socken zusammenlegen nach dem Waschen ist öde. Einzelne Socken verschwanden und machten den zweiten nutzlos. Der Socken-

kauf machte ihm auch keinen Spaß. Zumal er immer wieder neue Fabrikate antraf, die nicht zu den bisherigen passten. Samy Liechti erkannte: Socken sind ein Problem. Und vermutlich nicht nur für ihn.

Ende der 1990er-Jahre gründete Liechti Blacksocks. Das Geschäftsmodell ist radikal einfach: Es gibt nur schwarze Socken, immer die gleichen. Sie passen also immer zusammen, egal, welche zwei man gerade aus der Wäsche zieht. Und er bot seine Socken in einer originellen Weise an: als Starterkit und im Abonnement.

So bekommt der Kunde nach einem wählbaren Rhythmus neue Socken, immer die gleichen, beispielsweise alle drei Monate zwei Paar neue. Er muss sich nicht mehr um das Thema kümmern, sondern die Dinger nur noch tragen und waschen. Und er hat nur noch einen Typ Socke. Blacksocks löst das Sockenproblem.

Hört die gute Geschichte hier auf? Ist das schon ein gutes Geschäftsmodell?

Es ist ein sehr gutes Geschäftsmodell – weil es noch weitergeht. Mal legt Liechti seinen Lieferungen eine Nagelfeile bei, mit der Erklärung, Socken gehen hauptsächlich wegen ungepflegter Fußnägel kaputt. Oder er erweitert sein Modell um das Thema Unterhosen. Oder er verschickt seine Ware als Brief, damit man sie auch bestimmt im Briefkasten hat und nicht auf dem Postamt abholen muss. Er versteht es, über die Socken mit den Kunden zu kommunizieren.

Und es geht noch weiter!

Ein traditioneller Sockenhersteller muss zuerst viele Socken in vielen verschiedenen Größen herstellen und lagern. Beides kostet Geld, das er erst durch den Verkauf bekommt und notfalls sogar eintreiben muss.

Blacksocks bekommt zuerst das Geld, produziert und geliefert wird danach. Zu lagern gibt es so fast nichts, außer für Neukunden, die das Modell ausprobieren wollen. Eine nichts weniger als geniale Kostenstruktur, die auf einer genialen Geschäftsstruktur basiert, die wiederum eine überzeugende Value Proposition erfüllt.

Jetzt kann man auch Socken unter den Weihnachtsbaum legen!

Durch dieses unterhaltsame Geschäftsmodell ist ein Socken-Abonnement auch ein unterhaltsames Geschenk – weil man nicht Socken schenkt, sondern ein Abonnement, und aus genau diesem Grund verkauft Blacksocks auch keine Socken, sondern Erleichterung. Sorglosigkeit. Freude.

Das Ertragsmodell, ein vergessener Ort der Kreativität

Finanzen werden von Gründern meist als Pflicht gesehen. Denken Sie daran: Prepaid brachte vielen Menschen, die bislang keinen Zugang zu dieser Technik hatten, den Kundennutzen des Telefonierens, während Samy Liechti seinen Kunden die Sockensorgen abnahm. Beide Ertragsmodelle waren kreative, innovative Gründungen; man überlegte sich, was die ungelösten Aufgaben der künftigen Kunden sind, und entwickelte dann ein Ertragsmodell, das die Aufgabe gelöst hat. Die Gründer haben sich nicht durch die bisherigen Lösungen beirren lassen, sondern haben neue, kreative Lösungen erarbeitet. Diese können auch im Ertragsmodell liegen.

Das ist schon ein lustiges Buch, werden Sie jetzt sagen. Erst erzählt man Ihnen, dass Socken sexy sind und jetzt kommt man noch mit Finanzen und Kreativität daher.[13]
Als Geschäftsarchitekt und Kundenversteher müssen Sie die magische Formel jedes Unternehmens verstehen. Denken Sie weniger daran, Ihre Kosten zu senken, sondern möglichst, den Kundennutzen zu erhöhen. Dann profitieren Kunden und Sie selbst in Form von höheren Margen davon.

Übung: Ertragsquellen

Welche Ertragsquellen haben Sie?

Kleine Sprachschule: Umsatz, Marge, Break-even, Liquidität, Risiko, Ökonomie des Geschäftes

Sie müssen nicht Finanzexperte sein, um ein Unternehmen zu gründen, aber in Ihrer dritten Rolle als »Basisökonom« müssen Sie die grundlegenden finanziellen Gesetzmäßigkeiten verstehen.[14]

1. Umsatz

Ohne Umsatz gibt es Ihr Geschäft nicht lange – Umsatz ist Ihr Geschäft. Der Umsatz sind die Einnahmen aus Ihrem Geschäft, also die von Kunden bezahlten Rechnungen. Bezahlte Rechnungen sind übrigens der schönste Beweis dafür, dass Sie ein attraktives Geschäftsmodell haben.[15] Entscheidend ist jedoch nicht nur, dass Umsatz erwirtschaftet wird, sondern auch, wann und wie häufig. Fließt das Geld erst nach dem Verkauf? Fließt das Geld nur einmal oder gibt es wiederkehrende Umsätze? Wiederkehrende Umsätze sind gut, da Sie so Umsatz haben, ohne wieder neu verkaufen zu müssen.

Erinnern Sie sich an den Geschäftskunden?

Der Geschäftskunde ist ein spezieller Kunde – ein Verkaufsprozess mit ihm dauert lange. Vor allem länger als von den meisten Gründern erwartet. Der Geschäftskunde nimmt Risikoabwägungen vor, diese brauchen Zeit. Denken Sie daran, wenn Sie mit Firmen handeln.

2. Marge

Viele Gründer verwechseln den Umsatz mit ihrem Gewinn. Der Gewinn, also die Marge, ist jedoch das, was übrig bleibt, wenn Sie vom Umsatz (alle Einnahmen) Ihre Kosten abziehen. Jede Aktivität Ihrer Wertschöpfung verursacht Kosten, und schließlich sollten Sie sich auch ein Gehalt auszahlen können – auch dieses schmälert Ihre Marge.

$$\textit{Marge in Prozent} = \frac{\textit{Umsatz} - \textit{Kosten}}{\textit{Umsatz}}$$

Die Marge können Sie auf Ihr gesamtes Unternehmen berechnen oder auf ein einzelnes Angebot. Die Marge kann einerseits ein Prozentsatz sein, wie oben beschrieben, oder die absolute Marge in Euro. Die folgende Abbildung zeigt die Marge und die Kalkulation der Teekampagne.

WIE KOMMT DER VERKAUFSPREIS ZUSTANDE?

DIESE KALKULATION IST DER VERSUCH, DIE ÜBER 300 EINZELPOSTEN UNSERES RECHNUNGSWESENS ANSCHAULICH DARZUSTELLEN

WIR ZAHLEN FÜR 1 KG BIOTEE...

im Einkauf
18,32 €

Frachtkosten
0,70 €

Für Versicherungen, Ertragssteuern
1,33 €

... Qualitätssicherung und Rückstandskontrollen
0,93 €

... Abfüllung, Tüte, Etiketten
1,45 €

Naturland FAIRTRADE Bio DE-ÖKO-005

... Biokontrollen und Zertifizierungen
0,81 €

... Büro, EDV und Zahlungsverkehr
1,56 €

... Informationsmaterial inklusive Porto, Öffentlichkeitsarbeit
1,22 €

... Lohnkosten
3,98 €

... Risikoabsicherung, Überschüsse, Rücklagen
1,94 €

ZUSAMMENGEFASST

18,32	56,82 %
0,70	2,17 %
1,33	4,13 %
0,93	2,88 %
1,45	4,50 %
0,81	2,51 %
1,56	4,84 %
1,22	3,78 %
3,98	12,35 %
1,94	6,02 %
32,24	100 %
2,26	7 % Umsatzsteuer

34,50 €/pro Kilo zzgl. Versand

Klimaneutral Druckprodukt

Vorauskalkulation (Darjeeling First Flush und Second Flush) zur Teekampagne 2021, Stand 1. Juli 2021

Ein anderes Wort für Marge ist übrigens Deckungsbeitrag, also der Betrag, den Sie verdienen, wenn Sie ein Produkt verkaufen, abzüglich der direkt anfallenden Produktions- und Vertriebskosten. Mit dem erwirtschafteten Deckungsbeitrag müssen Sie dann Ihre fixen Kosten bezahlen, die anfallen, unabhängig, ob Sie Umsatz machen oder nicht.
Die Marge ist eine sehr wichtige Kenngröße für Ihre Geschäftsökonomie, denn je höher sie ausfällt, desto robuster ist Ihr Geschäft. Eine sehr hohe Marge kann aber auch trügerisch sein, wenn Sie sehr wenig Umsatz mit dieser Marge machen. Ein Tante-Emma-Laden hat eine sehr hohe Marge pro verkauftes Produkt, nur verkauft der Laden eben sehr wenig mit dieser hohen Marge. Aldi dagegen hat eine sehr kleine Marge pro Verkauf, dafür aber einen viel höheren Umsatz, womit am Ende wieder deutlich mehr bei Aldi bleibt als beim Tante-Emma-Laden. Sie merken, die Ökonomie des Geschäftes kann komplex sein. Deswegen müssen Sie sich damit beschäftigen.

3. Break-even

Ehrgeizige Gründer träumen in der Kategorie Facebook oder Google und von großen Börsengängen, teilweise ohne je Gewinn mit ihrem Geschäft zu erwirtschaften. Entscheidender für Sie als Unternehmer ist aber nicht der reale oder virtuelle Wert Ihres Unternehmens, sondern der Break-even – die Gewinnschwelle.
Wie viele Kunden brauchen Sie mit welchem Pro-Kunde-Umsatz, um Ihre Kosten zu decken? Dieser Wert ist zwar nicht so inspirierend wie ein potenzieller Börsenwert, aber er ist auf kurze Sicht viel wichtiger, um das Überleben Ihres Start-ups zu sichern.
Berechnen Sie den Break-even realistisch. Gehen Sie nicht von einem Umsatz als Prozentanteil an einem fiktiven Markt aus, sondern berechnen Sie ihn von unten. Wie viele Kunden kann Ihre Vertriebsmannschaft realistisch akquirieren und wie viel Umsatz machen Sie pro Kunden?[16]

4. Liquidität

Die meisten Gründungen scheitern nicht, weil die Gründer Verluste machen, sondern weil sie einfach nicht genügend flüssige Mittel haben, um fällige Rechnungen zu bezahlen. Diese Zahlungsunfähigkeit führt dann zur Insolvenz.
Als Gründer müssen Sie Ihre Liquidität im Griff haben. Sie müssen eine Mittelflussrechnung

auf Monats- oder gar Wochenbasis aufstellen, in der Sie festhalten, wann welche Rechnungen fällig sind und wann welche Kunden zahlen werden. Gehen Sie immer davon aus, dass Ihre Kunden später zahlen als erwartet – und oft nicht immer den vollen Betrag. Falls Sie merken, dass Sie nicht genügend flüssige Mittel haben, markieren Sie in Ihrer Mittelflussrechnung jene Positionen, die Sie später zahlen können, ohne zu riskieren, dass die Gläubiger ihr Geld sofort eintreiben.

Flüssige Mittel bekommen Sie auch, wenn Sie andere an Ihrem Unternehmen beteiligen oder Kredite aufnehmen. Das sind dann flüssige Mittel aus einer Finanzierung und nicht aus dem operativen Geschäft.

Mit der Wahl Ihres Geschäftsmodells legen Sie auch Ihre Liquidität fest. Samy Liechti hat durch die Wahl seines Ertragsmodells eine sehr komfortable Liquiditätssituation: Er bekommt sein Geld, bevor seine Kosten anfallen. Auch Amazon macht es so: Durch die Kreditkartenzahlung hat Amazon das Geld immer sofort, während die Amazon-Lieferanten 30 Tage auf ihr Geld warten – und Amazon so laufend vorfinanzieren.

5. Risiko

Das Leben ist ein Risiko. Jeder stirbt. Das ist zu 100 Prozent sicher. Auch Neugründungen sterben. Sogar sehr viele. Sie wissen, keiner wartet auf Sie. Nach fünf Jahren existieren 50 Prozent der Neuunternehmen nicht mehr.[17] Dabei könnten Unternehmen sehr lange leben, da sie keines natürlichen Todes sterben. Sie sterben, weil sie liquidiert werden.

Sie als Unternehmer tragen Risiko. Sie müssen wissen, was Ihre größten Risiken sind und wie Sie deren Eintrittswahrscheinlichkeit minimieren können. Ihre Risiken hängen von Ihrem gewählten Geschäftsmodell ab. Schaffen Sie es, das gewünschte Produkt zu entwickeln? Erfüllt das Geschäftsmodell die Erwartungen Ihrer Kunden? Risiken in Ihrem Geschäft bestehen immer darin, dass Ihr Ertrag zu spät, zu niedrig oder gar nicht kommt und die Kosten früher anfallen und zu hoch werden. Wenn Sie ein Restaurant in einem Freibad betreiben, dann ist das Wetter eines Ihrer größten Risiken. Wenn es zu kalt und nass ist, dann machen Sie keinen Umsatz, Ihr Salat verdirbt, aber Ihre Mitarbeiter müssen Sie trotzdem bezahlen. Wenn es zu heiß ist, kann es sein, dass Sie nicht genügend frische Ware haben, weil jeder

seinen Salat haben möchte, weshalb Ihre Kunden unzufrieden sind. Petrus ist Ihr Risiko, also lernen Sie ihn besser kennen.
Nicht jedes Risiko können Sie in den Griff bekommen, aber Sie müssen es kennen, damit Sie darauf reagieren können.

6. Ökonomie des Geschäftes

Wichtig ist, dass Sie als Basisökonom die grundlegende Ökonomie Ihres Geschäftes verstehen. Die Ökonomie Ihres Geschäftes legen Sie durch Ihr Ertragsmodell fest. Aber was steckt dahinter? Die Ökonomie Ihres Geschäftes beschreibt die wichtigsten ökonomischen Grundregeln.
Jedes Geschäft hat seine eigenen Regeln, aber es gibt gewisse Größen, die für jedes Geschäft relevant sind und die Sie auch kennen müssen. Sie haben hier Umsatz, Marge, Break-even, Liquidität und Risiko kennengelernt. Aus dem Zusammenspiel der finanziellen Größen ergibt sich Ihr Business. Sie können die Buchhaltung auslagern – die wichtigsten Zahlen und Gesetzmäßigkeiten Ihres Geschäftes müssen Sie dennoch kennen.
Am besten erklärt sich die Ökonomie eines Geschäftes mit einem Vergleich.[18]

Blacksocks versus traditionelles Sockengeschäft

Auf den ersten Blick würde man annehmen, dass Blacksocks und ein traditionelles Sockengeschäft sehr ähnliche Ökonomien haben, da in beiden Socken gehandelt werden. Das ist ein Trugschluss, die Ökonomie ist grundsätzlich anders.
Beiden Geschäften gemein ist, dass Socken von Männern gebraucht werden, aber eher tief auf der Liste des Lebensnotwendigen stehen. Sie kaufen eher Lebensmittel und akzeptieren ein Loch in der Socke, als mit einem Loch im Magen mit schönsten Socken herumzulaufen. Das ist bei beiden Geschäften gleich.

Traditionelle Sockenhersteller	Socken im Abo
Umsatz/Mittelzufluss	
Das Geld vom Endkunden fließt, nachdem der Kunde die Socken gekauft hat. Je nach Vereinbarung mit dem Handelspartner bekommt der Sockenhersteller seinen Anteil erst nach dem Verkauf an den Endkunden oder aber nach der Lieferung an den Händler. Der Händler muss dann diesen Betrag vorfinanzieren, bis der Endkunde bezahlt.	Blacksocks bekommt das Geld bei Abschluss des Abos, das heißt, bevor die erste Socke verschickt wurde. Die weiteren Sendungen werden dann vom bestehenden Guthaben des Kunden abgezogen. Die flüssigen Mittel fließen vor dem Versand der Socken, das heißt, der Kunde finanziert Blacksocks vor.
Marge	
Der Sockenhersteller bekommt nur einen Teil des Verkaufspreises, da er seinen Handelspartner für dessen Leistungen vergüten muss. Durch den Handel hat der traditionelle Hersteller eine größere Reichweite im Verkauf, das heißt, er kann mit seiner Ware mehr Kunden ansprechen.	Blacksocks ist ein Direktvertrieb, die Socken sind nur auf der Website von Blacksocks erhältlich. Dadurch gehen 100 Prozent des Verkaufspreises in die Kassen von Blacksocks. Der Verkauf via Internet schränkt die Reichweite von Blacksocks allerdings ein, da hier die physischen Verkaufsstellen fehlen.
Liquidität	
Der Sockenhersteller muss ein umfangreiches Lager mit verschiedenen Größen vorhalten, um seine Handelspartner beliefern zu können, da nicht vorhergesagt werden kann, wann der Endkunde welche Socken in welcher Farbe in welchem Laden in welcher Größe kaufen will. Die Lagerhaltung kostet, da sie Kapital bindet, das finanziert werden muss.	Die Lagerhaltung kann recht klein sein, da sie nur für Neukunden notwendig ist, die ein Probeabo bestellen, und da nur zwei Varianten (Socke, Kniestrümpfe) in einer Farbe (Schwarz) geliefert werden. Bei Bestandskunden ist bekannt, welche Socken in welcher Größe wann geliefert werden müssen. Dadurch können die Produktion und der Versand aufeinander abgestimmt werden. Bei Blacksocks wird sehr wenig Geld gebunden. Durch die Vorauszahlung der Kunden finanzieren die Kunden Blacksocks. Das heißt, das Kapital wird kostenlos von den Kunden zur Verfügung gestellt.

Der klassische Sockenhersteller hat im Vergleich zu Blacksocks eine geringere Marge und höhere Reichweite, da er mit Handelsunternehmen zusammenarbeitet, außerdem einen höheren Kapitalbedarf, weil bei ihm die Kosten vor den Erlösen anfallen und er ein Lager haben muss, um die Händler zu beliefern.
Blacksocks hingegen bekommt sein Geld, bevor Produktkosten anfallen, und aufgrund des Direktvertriebs entsteht eine höhere Marge. Dafür verzichtet Blacksocks auf eine große Reichweite durch Handelspartner.

Übung: Prepaid/Abo

Was müssten Sie tun, damit Ihre Kunden Ihnen das Geld zahlen, bevor Ihre Kosten anfallen?

Was müssten Sie tun, damit Ihre Kunden ein Abo auf Ihr Angebot abschließen?

Übung: Kalkulation

Kalkulieren Sie über den Daumen ihr Geschäft. Was für einen Verkaufspreis erwarten Sie? Welche Kosten fallen direkt mit jedem Produkt an? Welche Kosten sind unabhängig vom Produktverkauf? Nehmen Sie die Kalkulation der Teekampagne zur Hilfe.

Die Marge verdienen Sie erst, wenn Sie sie verdienen!

Bedenken Sie, dass die Marge erst verdient wird, wenn sich das Angebot auch verkauft. Oft kalkulieren Gründer mit hoher Marge, machen dann aber keine Umsätze und verdienen somit die Marge nicht.

Übung: Die Ökonomie Ihres Geschäftes

Notieren Sie in diese Tabelle, wann Ihre Kosten anfallen und wann die Kunden am Ende zahlen. Die Zeit zwischen den Kosten, die direkt anfallen, und den Kundenzahlungen unterschätzen Gründer sehr gerne. Ein Merksatz ist, dass Kosten immer früher und höher anfallen, als Sie denken, und die Einnahmen immer später kommen, als Sie erwarten.

Quartal **Anfangsbestand Geld**	1	2	3	4	...
Geldzufluss					
+ von Kunden + von Investoren + eigene Mittel + von Kreditgebern + weitere, z. B. Fördergelder **Total Geldzufluss**					
Geldabfluss					
laufende Abflüsse - Personal inkl. Sozialabgaben - Miete - Material - ... - ... **einmalige Abflüsse** - Anfangsinvestitionen (Büro, Hardware etc.) - Entwicklungskosten - ... **Total Geldabfluss**					
Geldbestand Ende Quartal (vortragen in Anfangsbestand nächstes Quartal)					

Übung: Risiken

Was sind Ihre fünf größten Risiken? Was können Sie machen, um die Risiken zu minimieren?

Alles klar?

Nun haben Sie viel über den ökonomischen Aspekt Ihres Geschäftes gelernt. Dieser Teil mag für Sie etwas zäh gewesen sein. Aber als Unternehmer müssen Sie die grundlegende Ökonomie Ihres Geschäftes verstehen. Das heißt nicht, dass Sie Buchhaltungs- und Finanzexperte werden müssen, sondern nur, dass Sie auch die dritte Rolle ausüben müssen, die des Basisökonomen.

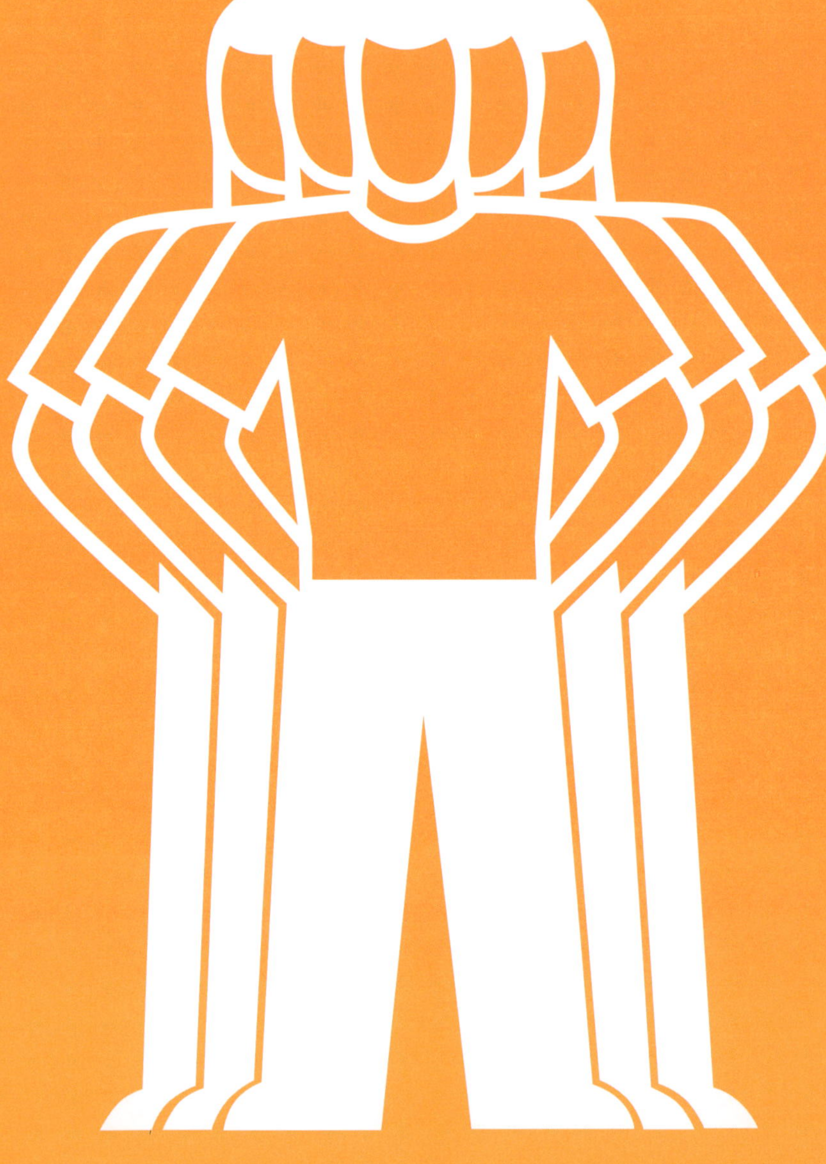

Das vierte Element: Unternehmensgeist

Was begeistert Ihre Mitarbeiter?

Beim vierten Element geht es um Menschen.
Um das Team und Werte.
Um den Geist, der im Unternehmen herrschen soll.

Der Mensch

Eine Firma, aus der man die Menschen wegdenkt, ist nur eine leere Fabrikhalle. Es gibt niemanden, der gute (oder schlechte) Produkte herstellt, es gibt niemanden, der das Telefon freundlich (oder unfreundlich) bedient, es gibt niemanden, der überzeugende (oder lasche) Präsentationen abhält. Und niemanden, der festlegt, ob man für das Wohl der Menschheit arbeitet oder für den eigenen Profit.

Es ist der Mensch, der ein Geschäft ausmacht. Der Mensch und das, wofür er steht. Die Leute, die Sie einstellen, die Partner, mit denen Sie sich zusammentun, bilden den Unternehmensgeist.

Er kann sehr gut sein. Das ist gut.

Oder schlecht. Das ist eine Katastrophe.

Eine kleine Gegenüberstellung

Stellen Sie sich zwei neue Firmen vor, die beide eine Vermarktungsplattform für Unternehmen etablieren wollen.

Die erste Firma glaubt an ihren Kundennutzen, also daran, dass ihre Kunden mit ihrer Plattform bessere Geschäfte machen können und die Firma dadurch profitieren wird.

Die zweite Firma hingegen hat gesehen, dass dieses Modell in anderen Ländern erfolgreich war, möchte es kopieren und möglichst schnell wachsen, um es bald gewinnbringend verkaufen zu können.

Beide Firmen werden sich unterschiedlich entwickeln, weil der Unternehmensgeist ein anderer ist. Er baut auf unterschiedlichen Werten auf.

Beide Modelle sind möglich, aber entscheidend für den Erfolg ist es, die richtigen Leute zu finden, die die gleichen Werte pflegen. Mitarbeiter für die erste Firma wären bei der zweiten fehl am Platz und umgekehrt.

Beide Firmen haben die gleiche Geschäftsstruktur und eine ähnliche Value Proposition, bloß unterscheiden sich die Werte der Gründer grundsätzlich voneinander: Während die eine Firma von ihrem Geschäft langfristig leben und dadurch aus dem Geschäft heraus ihren Ertrag generieren will, ist die andere an einem optimalen Verkauf interessiert. Die erste Firma wird an langfristigen Kundenbeziehungen interessiert sein, die zweite an kurzfristigem Vertriebserfolg. Beides ist legitim, nur fundamental anders.

Wie Sie alle diese Fragen beantworten, obliegt Ihrer vierten Rolle: der »Teambauer«.

Teilen Sie grundlegende Werte

Entscheidend für Ihren Erfolg ist, dass Sie in Ihrem Team grundlegende Werte teilen. Überlegen Sie sich, was für Sie langfristig wichtig ist. Wie groß soll das Unternehmen werden? Ist Wachstum einer der wichtigsten Werte, die Sie verfolgen, oder wollen Sie mit Ihrem Team ein Unternehmen gründen, in dem Sie selbst Spaß und Freude haben, zu arbeiten?

Das Team für Ihre Gründung ist wichtiger als Ihre erste Geschäftsidee. Denn ein gutes Team wird durch die Zusammenarbeit besser und dadurch auch Ihre Idee und das daraus resultierende Geschäftsmodell.

Denken Sie daran, dass Sie mit Ihrem Team sehr viel Zeit verbringen werden – wahrscheinlich mehr als mit Ihrem Partner. Suchen Sie sich Ihre Teammitglieder daher genauso gewissenhaft aus wie Ihren Partner.

Ein gutes Team: Google

Larry Page und Sergey Brin, zwei Computer-Science-Studenten, entwickelten 1996 eine Suchmaschine mit dem Namen BackRub. 1997 änderten sie ihn in Google. Google war erfolgreich, hatte aber kein Ertragsmodell. Page und Brin versuchten, ihren Suchalgorithmus, der darauf aufbaute, die am besten verlinkten Websites hoch zu positionieren, an große Suchanbieter wie Yahoo und AltaVista zu verkaufen. Doch die hielten ihre Suchmaschinen für besser und lehnten ab.

Die beiden Google-Gründer bauten also ihre Suchmaschine aus – um zehn Sprachen, um mehr Menschen anzusprechen, darunter Mandarin, Japanisch und Koreanisch. Aber ein Ertragsmodell fehlte noch immer. Page und Brin verdienten kein Geld.

Im Sommer 2000 band Yahoo Google als Suchmaschine ein und zahlte den beiden dafür Geld. Die Suche im Netz wurde als nebensächliche Dienstleistung angesehen, die man auslagern konnte; interessanter schien es, Portale zu bauen, auf denen Nutzer alle Informationen und Dienstleistungen versammelt fanden. Eine falsche Strategie von Yahoo, wie sich bald zeigte.

Im selben Jahr lancierten Page und Brin AdWords, ein Do-it-yourself-Werbeprogramm, das auf Relevanz aufbaute: Die Anzeigen wurden auf Suchbegriffe hin geschaltet, mit dem Nutzen für die Werbetreibenden, dass ihre Botschaft von Leuten gelesen wurde, die sie auch lesen wollten.

AdWords macht 96 Prozent des Milliardenumsatzes von Google aus. Das Geschäftsmodell hat sich immer wieder geändert, das Team ist dasselbe geblieben. Page und Brin führen Google noch immer. Sie verkauften Google nicht. Sie waren nicht daran interessiert, in kurzer Zeit viel Geld zu machen, sondern die beste Suchmaschine der Welt zu bauen.

Der zehnte Baustein: Team

Wer ist in Ihrem Team? Welche Kompetenzen, auch soziale, vereint Ihr Team? Warum stellen Sie das Team so zusammen?

Vielleicht ist die Erarbeitung des zehnten Bausteins die härteste. Vielleicht haben Sie sich schon auf einen Partner eingelassen und hatten dabei ein ungutes Gefühl, das sich jetzt immer mehr bestätigt. Was nun?
Die Frage, wie man ein gutes Team zusammenstellt, ist eine menschliche, da sie sich dem Menschen widmet und der Kenntnis über ihn.
Wie Sie Ihre Menschenkenntnis verbessern, ist ein eigenes Buch wert. Aber die beste Empfehlung können wir Ihnen durchaus verraten.

Ein Geschäft ist eine Herzensangelegenheit

Der Mensch ist nicht einfach ein weiterer Baustein in einem Geschäft, auch wenn dies sehr häufig so gesehen und gehandhabt wird. Er ist vielmehr die Basis – mit allen seinen Stärken und Schwächen. Ob jemand gerne in einer Firma arbeitet, hängt in erster Linie von der Energie ab, die dort herrscht.
Als Gründer begründen Sie diese Energie. Und es liegt in Ihrer Verantwortung, ob diese Energie konstruktiv blüht oder verkümmert.
Seien Sie daher immer mit dem Herzen dabei – im Umgang mit Ihren Kunden und Lieferanten, vor allem aber in der Frage, mit wem Sie eine Partnerschaft eingehen und wen Sie einstellen.

Stimmt die Energie?

Auf verbaler Ebene kann man sich leicht verständigen. Das ist keine Schwierigkeit. Um einen Job bei Ihnen zu bekommen, kann man Ihnen nach dem Mund reden und Ihnen viele schöne Dinge erzählen. Der Verstand lässt sich leicht täuschen. Das Herz auch – durch einen getäuschten Verstand. Hören Sie deshalb immer auf Ihr Herz.

Der zweitbeste Tipp lautet: Haben Sie Mut, eine nicht passende Verbindung auch nicht einzugehen oder eben wieder aufzulösen. Die Probleme, die sich später ergeben, sind schlicht zu groß. Wie auch der Ärger, wenn man sich eingestehen muss: Ich habe es doch von Anfang an gespürt.

Ihr unsichtbarer Geschäftspartner: Unsicherheit

Eine Unternehmensgründung ist eine unsichere Angelegenheit, und zwar für längere Zeit, das dürfte Ihnen mittlerweile bewusst sein. Ziehen Sie diesen Aspekt aber auch in Ihre Überlegungen mit ein, wenn Sie sich fragen, mit wem Sie Ihr Unternehmen gründen wollen. Wie stehen diese Leute zum Thema Unsicherheit? Ist jemand darunter, dem ein garantiertes Einkommen wichtig ist? Eine solche Person eignet sich weniger als Partner als jemand, der auch mal mit weniger Geld auskommen kann. Oder ist eine eher ängstliche Person in Ihrer Auswahl? Auch hier drohen Probleme, denn solche Menschen neigen dazu, ihre Ängste durch übertriebenes Kontrollverhalten zu kompensieren, zudem sehen sie häufig schwarz.

Sie brauchen um sich herum nicht nur talentierte, fähige Menschen, sondern auch Menschen, die gut mit Unsicherheit umgehen können – wozu in erster Linie gehört, das Thema zu würdigen und dieser Energie Raum zu lassen.
Wie gut sind Sie selbst darin? Hätten Sie lieber gar keine Unsicherheit bei Ihrer Unternehmensgründung oder sind Sie in der Lage, sie als unsichtbaren Partner zu begrüßen, der zu diesem Abenteuer nun einmal dazugehört?
Seien Sie, wenn es um Ihr Team geht, maximal ehrlich. Auch mit sich selbst. Sie müssen ein realistischer Optimist sein.

Das Team ist ein Puzzle aus Kompetenzen

Klassisch werden Teams anhand von sich ergänzenden Kompetenzen zusammengestellt: Wer ist Ingenieur und kann aus der Idee das Produkt entwickeln? Wer hat Produktions-Know-how, um das Produkt auch effizient produzieren zu können? Wer hat einen kaufmännischen Hintergrund, um die Finanzen zu überschauen? Wer hat Flair für den Verkauf und kann Kundengespräche zum Verkaufsabschluss bringen?
Das sind die klassischen Kompetenzbereiche, die ein Gründerteam abdecken sollte: Entwicklung und Produktion, Verkauf und kaufmännische Leitung.
Prima, sagen Sie, ich kenne alle nötigen Leute aus meinem Freundeskreis!
Aufgepasst.

Warum gute Freunde oft schlechte Geschäftspartner werden

Firmengründungen entstehen oft, weil zwei Freunde oder Bekannte, die sich privat kennen und verstehen, eine Geschäftsidee haben und dann zu Geschäftspartnern werden. Die Gründerstimmung ist oft euphorisch, schließlich blickt man auf eine jahrelange Freundschaft zurück und glaubt, diese Atmosphäre werde auch geschäftlich herrschen.

Zwischen einer Freundschaft, die auf Ungezwungenheit und Vergnügen basiert, und einer Geschäftspartnerschaft, der Verbindlichkeit ebenso zugrunde liegt wie harte Arbeit, besteht allerdings ein himmelweiter Unterschied. Unzählige Jungunternehmer, die sich mit Freunden zusammengetan haben, sind maßlos enttäuscht, wenn sie feststellen, dass der gute Kumpel sich als unzuverlässig entpuppt, wenn es um Fleißarbeit geht – oder als völlig skrupellos, wenn es das liebe Geld betrifft.

Lernen von den Alten

Sie können das Know-how von alten Hasen einbeziehen, indem Sie sich mit einem Business Angel zusammentun, einem erfahrenen Mentor, der kleine Summen früh in Start-ups investiert. Warum fragen Sie nicht einen potenziellen Kunden, ob Sie gewisse Dinge mit ihm besprechen können? Warum versuchen Sie nicht sogar eine kleine Gruppe von Kunden aufzubauen, die Ihnen bei der Entwicklung des Geschäftsmodells helfen?[19]
Eine Möglichkeit, von der Erfahrung anderer zu profitieren, ist, Ideen mit anderen zu teilen, sich etwa in einem Sounding Board, also in einer Erfahrungsaustauschgruppe, bewusst auseinandernehmen zu lassen. Aber erinnern Sie sich daran: Die Kunden und der Markt sind noch gnadenloser als ihre kritischsten Bekannten.

Drum prüfe, wer sich geschäftlich bindet, ob sich Wert zum Werte findet!

Suchen Sie sich Ihre Partner gut aus. Sie werden mit diesen Leuten viel Zeit verbringen, und ob Sie Freude haben an Ihrem neuen Unternehmen, hängt im Wesentlichen davon ab, wie sich die menschliche Zusammenarbeit in Ihrer Firma gestaltet.

Nehmen Sie lieber den etwas trockenen Buchhalter, der bisher Ihre Steuererklärung gemacht hat, zum Partner als Ihren besten Freund, der immer einen guten Spruch hat, aber die Dinge vermutlich sonst ein bisschen zu locker sehen wird.

Verwechseln Sie nicht Freundschaft mit Geschäft. Diese Naivität ist einer der häufigsten und folgenschwersten Fehler bei Firmengründungen. Teams scheitern selten an mangelnden fachlichen Kompetenzen und häufig an zwischenmenschlichen Belangen.

Oder anders gesagt: an den Werten.

Übung: Team

Wer könnte mit Ihnen zusammen im Team sein und warum?

Der elfte und letzte Baustein: Werte

Welche Werte leben Sie im Unternehmen? Stimmen Ihre Werte mit dem Kundennutzen überein?

Überlegen Sie sich, welche Werte Ihnen wichtig sind: Fairness? Profit? Soziale Gerechtigkeit? Anstand? Respekt? Freude? Unabhängigkeit? Geht es Ihnen um schnelles Wachstum oder darum, eine Firma aufzubauen, die auch in zehn, 15 Jahren noch am Markt ist? Fragen Sie sich, wie und wofür Sie arbeiten möchten.

Was sind Werte überhaupt?

Werte sind weiche Faktoren, die aber entscheidend für Ihr Unternehmen sind. Sie haben wenig mit den Werten zu tun, die üblicherweise als Unternehmenswerte definiert werden, wie beispielsweise Nachhaltigkeit.
Vielmehr geht es um die Regeln, die die Zusammenarbeit prägen, wie Ideale, Umgangsformen et cetera, aber auch um die Frage, wie Sie mit Kundenbeschwerden umgehen. In einem Wort geht es um die Kultur in einem Unternehmen, weswegen das vierte Element in diesem Buch auch Unternehmensgeist genannt wird.
Sie sind der Gründer. Sie bestimmen, welcher Geist in Ihrem Unternehmen herrschen soll. Die Werte, die dazu die Basis bilden, sind der elfte und letzte Baustein, und Ihre Antworten auf die Fragen dazu sind jene mit der größten Tragweite. Das liegt insbesondere daran, dass viele Gründer sich anfangs nicht bewusst machen, welche Werte ihnen wichtig sind, sondern meist erst, wenn es zu spät ist.

Übung: Das ist mir wichtig!

Schreiben Sie hier auf, welche fünf Werte Ihnen viel bedeuten – ungeachtet dessen, ob sie auf den ersten Blick nur für Ihr Privatleben gelten. Werte sind im Beruf genauso wichtig. Beschreiben Sie eine Situation, in der Sie in Ihrem Verhalten diese Werte auch gelebt haben?

Übung: Das ist mir nicht wichtig!

Lernen Sie sich als Gründer genau kennen – dazu gehört auch, zu wissen, worauf Sie nicht unbedingt Wert legen. Vielleicht ist Ihnen ein unordentliches Büro egal, vielleicht können Sie gut damit leben, wenn Ihre Mitarbeiter ausschließlich in Freizeitkleidung zur Arbeit kommen.
Welche fünf Werte sind Ihnen nicht wichtig?
Welches Verhalten zu diesen Werten finden Sie tolerabel?

Werte leben

Werte verdienen ihren Namen nur, wenn sie im Alltag funktionieren und gelebt werden. Nicht der Wert zählt, sondern das Verhalten im Alltag.

Sie als Gründer sind Vorbild. Werte, die nicht zu Ihnen passen, werden auch nicht zu Ihrer Firma passen.

Fragen Sie sich: Was sind die wahren Werte meines Charakters? Worin bin ich so stark, dass es mich nichts kostet, es Tag für Tag kraftvoll leben zu können?

Übung: Wie leben Sie Ihre Werte?

Überlegen Sie sich, wie Sie die Werte, die Sie als wichtig bestimmt haben, leben und kommunizieren wollen. Notieren Sie zehn Ideen, wie Sie Ihre Werte umsetzen und etablieren wollen.

Langer Atem

Gründer, also Sie und Ihre Partner, müssen einen langen Atem haben. Um finanzielle Durststrecken zu überstehen. Um Schwierigkeiten zu meistern. Um in geschäftlich ereignislosen Zeiten nicht in Trübsinn zu verfallen, sondern weiter an den Erfolg zu glauben. Um die viele Arbeit zu bewältigen, die Gründer nun einmal bewältigen müssen.

Vor allem: um das alles auch zu wollen, genau so.

Bauen Sie jetzt Ihren Unternehmensgeist!

Nun wissen Sie, dass der Unternehmensgeist sich aus Leuten zusammensetzt, mit denen Sie arbeiten, Kompetenzen, die sich in Ihrer Firma vereinen, und aus Werten, die Sie alle miteinander teilen. Und auch, dass der lange Atem, das Durchhaltevermögen, ein wesentlicher Faktor für einen soliden Unternehmensgeist ist.
Im Folgenden finden Sie eine Tabelle, in die Sie nun bitte Ihr Team eintragen sowie dessen Kompetenzen und Werte. Füllen Sie diese Tabelle gemeinsam aus. So finden Sie Neues übereinander heraus und merken vielleicht rechtzeitig, ob jemand nicht ganz ideal zum restlichen Team passt.
Führen Sie diese Diskussion offen und ehrlich. Je ehrlicher Sie jetzt sind, umso weniger werden Sie sich später ärgern.
Die gemeinsame Entwicklung des Geschäftsmodells hilft Ihnen und Ihrem Team, eine ähnliche Sicht auf Ihr Geschäft zu entwickeln. Während dieses Prozesses sehen Sie, ob Sie zusammenarbeiten können oder nicht. Trennen Sie sich möglichst rechtzeitig, wenn Sie sehen, dass es nicht funktioniert.

Übung: Kompetenzen und Werte im Team

Füllen Sie folgende Tabelle mit Ihrem Team aus.

Name	Fachliche/ Soziale Kompetenzen	Persönlichkeit/Werte/ Langer Atem

Mut, zu scheitern, oder wissen, wann es vorbei ist

Das ist wirklich ein komisches Gründungsbuch. Wir reden vom Durchhaltewillen, vom das Richtige gründen, mit dem Sie Erfolg haben werden, und ja, dann reden wir auch noch vom Scheitern. Scheitern gehört zu Unternehmensgründungen. Die Kunst ist es, zu wissen, wann Ihre Idee gescheitert ist und wie Sie Ihr Geschäft möglichst ohne große Schäden einstellen können. Die Amerikaner sagen: »Fail fast, fail often.« In den deutschsprachigen Ländern haben wir keine Scheiternkultur, aber heute ist es kein Makel mehr, eine gute Idee probiert zu haben und dann rechtzeitig festzustellen, dass sie nicht funktioniert. Wenn ein neuer Arbeitgeber Ihnen sagt, dass dies ein Makel ist, dann passen Sie von Ihren Werten nicht zu dem Unternehmen. Suchen Sie sich ein Unternehmen, das Mut, Machertum und Initiative schätzt. Da werden Sie glücklich, weil Ihre Werte mit dem Unternehmensgeist Ihres neuen Arbeitgebers zusammenpassen.

Der Mut, Ihr Scheitern einzugestehen, ist ein wichtiger Wert, da er Ihnen und den Mitgründern die Chance gibt, wieder neu anzufangen, anstatt ein totes Pferd weiter zu reiten.

Noch ein wichtiger Wert: Wissen um den Erfolg

Also gut, Sie wollen eine Firma gründen. Wenn es Ihnen ernst damit ist, kann man Ihnen das ohnehin nicht ausreden. Viele Leute werden es trotzdem probieren. Das sind die Warner, die Sie für naiv und blind halten und auf die tausend Möglichkeiten des Scheiterns hinweisen.

Die Warner sind eigentlich nur neidisch, da es ihnen an Mut und Freude fehlt, die Sie beflügeln. Doch selbst wenn Sie sich dies vor Augen führen, werden Sie den Warnern hier und dort zustimmen müssen: Gewisse Zweifel sind durchaus berechtigt.

Es ist deshalb wichtig, dass Sie mit Ihren Partnern – wir gehen davon aus, dass Sie an dieser Stelle wissen, ob Sie Ihre Partner passend ausgewählt haben – eine Kultur des »Wir können es« aufbauen. Sie haben wenig Ressourcen und müssen damit ein erfolgreiches Unternehmen aufbauen. Das geht nur, wenn Sie gemeinsam an den Erfolg glauben.

Auch das ist ein Wert.

Die erfolgreichsten Gründer haben geradezu einen teuflischen Spaß daran, mit limitierten Ressourcen in den Markt zu springen und den Großen zu zeigen, was man kann. In solchen Start-ups herrscht ein starker Unternehmensgeist, mit Ideen und nicht mit Geld die richtigen Ziele zu erreichen – oder wie der Gründer der Teekampagne, Günter Faltin, sagt: »Kopf schlägt Kapital«, denn »Wir sind das Kapital«. Beides übrigens sehr erfolgreiche Gründerbücher.

Töpfchen oder Kröpfchen? Kritik ist nicht gleich Kritik

»Das geht nicht«, »Das braucht keiner«, »Das klappt nie«, »Damit verdient man kein Geld« – diese Sätze werden Sie oft hören. Wichtig ist, dass Sie ein Gefühl dafür entwickeln, in welchem Fall Sie zuhören müssen und in welchem nicht – welche Kritik also in welches Körbchen gehört. Kommt Kritik von einem Mitbewerber, den Sie bedrängen? Oder von einem potenziellen Kunden? Versuchen Sie herauszufinden, warum Ihr Kritiker etwas sagt (was für ihn der Nutzen seiner Kritik ist). Verteidigen Sie sich nicht automatisch, sondern hören Sie erst zu und entscheiden Sie dann, ob die Kritik aus eher selbstsüchtigen oder hilfreichen Motiven entstanden ist.
Seien Sie grundsätzlich offen für Kritik. Oder wie Oscar Wilde sagte: »Wenn Leute mit mir übereinstimmen, habe ich immer das Gefühl, ich muss mich irren.«

Es gibt auch positive Kritik – nutzen Sie sie!

Nicht jede Kritik ist destruktiv, es gibt auch viele konstruktive Anregungen, was Sie anders und besser machen könnten. Hier müssen Sie genau hinhören. Äußert ein Kunde ein positives Feedback, sollten Sie nach Möglichkeiten suchen, ihn für sich zu gewinnen.
Was können Sie tun, damit er sich an Ihren Entwicklungskosten beteiligt? Kann er eine Anzahlung leisten für eine spätere Lieferung? Oder könnte er gar Teilhaber werden?

Geschäftsstruktur

Angebot

- Dunkelrestaurant mit wechselnden saisonalen Angeboten.
- Bar im Hellen mit einem Angebot an Drinks und Häppchen.
- Kultur und Bildung im Dunkeln.

Vertrieb und Kommunikation

- Die »Geschichte« lässt sich gut erzählen und wird in der Presse gerne als Story gebracht.

Produktion (Kernaktivitäten)

- Klassische Abläufe wie in jedem Restaurant, angepasst an blinde Mitarbeiter.
- Betreuung der sehenden Gäste im Dunkelrestaurant.

Kernfähigkeiten

- Bedienung und Betreuung der sehenden Gäste in totaler Finsternis.
- Design eines Restaurants genau an die Anforderungen von Blinden.

Partner

- Stiftung »Blinde Kuh«, die Defizite übernimmt.

Ertragsmodell

Kostenstruktur

- Die Unternehmen sind selbstragend, das heißt, sie werden nicht staatlich subventioniert. Defizite werden von Stiftungen übernommen.
- Die Kosten sind deutlich höher als in der klassischen Gastronomie, da die Betreuung der Gäste deutlich aufwendiger ist.

Unternehmensgeist

Team

- Blinde, sehbehinderte und sehende Mitarbeiter.
- Die Behinderung der Mitarbeiter wird als Schlüsselqualifikation gesehen, ohne die die Erfüllung der Value Proposition gar nicht möglich wäre.

Restaurant »Blinde Kuh«

Schwächen zu Stärken machen

Können Blinde ein Restaurant führen? In dem es komplett dunkel ist und die Gäste nichts sehen. Ja, das geht. Wie das Restaurant »Blinde Kuh« in Zürich und ähnliche Dunkelrestaurants auf der ganzen Welt seit über 20 Jahren zeigen.
Die Gäste essen in kompletter Dunkelheit und werden von Blinden bedient. So wird Sehenden das Blindsein nähergebracht, und gleichzeitig finden Blinde gute Arbeit, wo ihre speziellen Fähigkeiten genutzt werden.
Die Dunkelheit hilft den Gästen, das Essen und die anderen Menschen viel intensiver wahrzunehmen, da sie sich nur auf das Hören und ihren Geschmack verlassen müssen und keinerlei visuellen Reizen ausgesetzt sind.

Was können andere lernen?

Sich nicht behindern lassen und selbst Lösungen suchen, um seine Schwächen zu Stärken zu machen. Andere Beispiele mit ähnlichem Ansatz sind Obdachlosen-Zeitungen, die Beschäftigung von Autisten in Informatikunternehmen oder von sehbehinderten oder blinden Masseurinnen in der medizinischen Massage.
Wo können Sie Schwächen zu Stärken machen? Wo können Sie mit Unternehmertum ein gesellschaftliches Thema lösen?

Value Proposition

Kunde

- Gäste, die in speziellem Ambiente mittags oder abends essen wollen.
- Unternehmen, die mit Firmenanlässen ihre Mitarbeiter sensibilisieren und einen besonderen Anlass bieten wollen.

Nutzen

- Neben einem »feinen« Essen erlebt der Gast einen außergewöhnlichen Abend, der ihn aus seiner Komfortzone führt.
- Musik, Theater und Literatur werden im Dunkeln viel intensiver wahrgenommen.

Ertragsquellen

- Preise der Speisen und Getränke entsprechen Marktpreisen.

Werte

- Hohe Wertschätzung aller Menschen mit ihren speziellen Fähigkeiten.
- Unabhängigkeit und Unternehmertum.

Geschäftsstruktur

Angebot
- 5 000 000 Unterkünfte, darunter 3000 Schlösser in 81 000 Städten in 191 Ländern.
- Webseite, App zum Vernetzen von Reisenden und Anbietern von BnB.

Vertrieb und Kommunikation
- Webseite, um Unterkunft anzubieten beziehungsweise zu buchen.
- Mundpropaganda bestehender Kunden.
- TV-Werbung in Deutschland.

Produktion (Kernaktivitäten)

Aufbau BnB Angebot → Richtige Unterkunft finden → Matching Angebot & Nachfrage → Zahlungsabwicklung und ABG → Reputationsmanagement

Kernfähigkeiten
- Akquisition von Unterkünften.
- Qualitäts- und Vertrauensmanagement zwischen Reisenden und Anbietern.
- Know-how über Destination.

Partner
- Lokale Guides.

Ertragsmodell

Kostenstruktur
- Kosten für die Webseite, Akquisitionskosten für Unterkünfte plus Versicherungskosten gegen Missbrauch.
- Sehr geringes Anlagevermögen, da keine eigenen Unterkünfte.

Unternehmensgeist

Team
- Gründer kommen von Kunsthochschule und wollten ursprünglich nur ihr eigenes Problem (preiswerte, authentische Unterkünfte) lösen.
- Diversität mit starken Werten.

Value Proposition

Kunde (zwei Segmente)

- Reisende, die eine spezielle, authentische Unterkunft suchen und gleichzeitig die versteckten Geheimnisse des Ortes kennenlernen wollen.
- Anbieter von Wohnungen, die Geld verdienen und die Welt als Gast zu Hause haben wollen.

Nutzen

- Reisende finden zu einem guten Preis Unterkünfte, die speziell sind, und werden mit Einheimischen vernetzt.
- Anbieter erhalten Geld, und gleichzeitig können sie die Welt zu Hause begrüßen.
- Schönheit und Einfachheit der Abwicklung.

Ertragsquellen

- Reisende zahlen via Airbnb die Gastgeber.
- Airbnb nimmt circa 15 Prozent Gebühr von Kosten für Unterkunft von den Gästen und drei Prozent von den Gastgebern.

Werte

- Klare Werte: »Erschaffe«, »Lerne«, »Spiele« und Verhaltensnormen wie »Vereinfache«, »Ganzheitlich Denken, detailversessen Arbeiten« et cetera.

Airbnb

In der Welt zuhause

Kann ein 2008 gegründetes Unternehmen zum größten Anbieter von Unterkünften weltweit werden? Und nicht von standardisierten Hotelzimmern, sondern von individuellen Unterkünften von lokalen Gastgebern in mehr als 191 Ländern?
Ja, das geht. Airbnb hat es gezeigt, dass nicht der Besitz von Unterkünften entscheidend ist, sondern das Vernetzen von bisher brachliegendem Angebot mit Nachfrage. Airbnb ist ein Marktplatz sowie Anbieter von Privatunterkünften (Zimmern, kompletten Wohnungen und Häusern). Über 400 Millionen Buchungen hat Airbnb bisher abgewickelt.

Was können andere lernen?

Nicht der Besitz zählt bei Airbnb, sondern die Vernetzung von Angebot und Nachfrage. Gleichzeitig haben sie gezeigt, dass auch Einfachheit, Schönheit und Inspiration Teil von Buchungsseiten sein können.
Wo können Sie brachliegendes Angebot und Nachfrage zusammenbringen? Wo können Sie Schönheit und Nutzerorientierung in den Markt bringen?

Geschäftsstruktur

Angebot

- Integrierte Sanitärsysteme, zum Beispiel Unterputzspülkästen, die für den Endnutzer meist unsichtbar sind.
- Vermehrt sichtbare Produkte wie AquaClean (WC-Dusche).

Vertrieb und Kommunikation

- Dreistufiges Vertriebssystem (Großhandel, Sanitärinstallateur, Endkunde).
- Installateure werden via Schulung und eigenem Vertrieb erreicht.
- TV-, Printwerbung für neue Produkte.

Produktion (Kernaktivitäten)

Customer Insights → Entwicklung → Beschaffung → Produktion → Schulung Partner → Vertrieb → Einbau Installateur

Kernfähigkeiten

- Wissen über Produkte und Bau/Sanierungsprozess von Bädern.
- Kompetenz im Partnermanagement
- und Schulung der Installateure (30 000 Teilnehmer pro Jahr).

Partner

- Sanitärinstallateure sind langfristige Partner, die in »Geberit ausgebildet« werden.
- In Ländern ohne Berufslehre übernimmt Geberit die Zertifizierung der Handwerker.

Ertragsmodell

Kostenstruktur

- Höher verglichen zu klassischen Komponentenherstellern.
- Hoher Aufwand für Customer Insights, Entwicklung, Schulung und Betreuung der Installateure.

Unternehmensgeist

Team

- Sehr breites Spektrum von Kompetenzen und Berufen wie Architekt, Produktdesigner, Produktionsfachkraft, Installateur, Schulungs-, Marketing-, Vertriebs-, Brandschutz- und Lärmschutzexperte et cetera.

Value Proposition

Kunde

- Hauseigentümer (via der anderen Kundensegmente).
- Architekten, Sanitärplaner.
- Sanitärinstallateure.

Nutzen

- Hauseigentümer: Schnellere, bequemere Badsanierung; Wissen, dass Geberit auch Jahrzehnte hält.
- Installateure: alle Komponenten aus einer Hand, sodass ihr Leben von der Planung, Beschaffung, Logistik und Installation einfacher wird, plus hohe Marge.

Ertragsquellen

- Deutlich höher, als wenn einzelne Komponenten gekauft würden.
- Geringerer Wettbewerb, da Installateure nur noch »Geberit« können.

Werte

- Langfristiges Denken.
- Partnerschaftlicher Umgang mit Installateuren und Planern.

Geberit

Nicht das Produkt zählt, sondern das eingebaute Produkt

Was soll an Spülkästen innovativ sein? Eben, es ist nicht das Produkt, was Geberit innovativ macht, sondern das Geschäftsmodell, das dem Endkunden ein bestens installiertes Toilettensystem garantiert. Geberit verkauft keine Spülkästen, sondern optimal eingebaute Spülkästen, die kein Problem bereiten und sich sonst auch sehr dezent verhalten, da hinter der Wand.

Innovativ sind nicht nur die Produkte, sondern auch, wen Geberit als Kunden sieht: die Installateure. Nur mithilfe der Installateure kann Geberit das perfekt eingebaute Produkt garantieren. Dementsprechend investiert Geberit in seine Partner.

Was können andere lernen?

Warum haben wir Geberit als Beispiel genommen, obwohl es mehr als 145 Jahre alt ist?

Ganz einfach, es gibt viele Branchen, in denen zwar sehr gute Produkte produziert werden, aber diese beim Kunden nicht optimal laufen.

Wie können Sie es erreichen, dass Ihr Angebot auch perfekt beim Kunden funktioniert?

Geschäftsstruktur

Angebot
- Operationen von grauem Star, grünem Star und anderen Augenerkrankungen.
- Allgemeine und Kinderaugenheilkunde.

Vertrieb und Kommunikation
- Teams von Paramedics scannen die Dörfer und diagnostizieren vor Ort die Patienten. Patienten müssen für Erstkontakt nicht in Klinik.
- Mundpropaganda.

Produktion (Kernaktivitäten)
- Hoch effiziente Prozessabläufe über komplette Wertschöpfungskette (Patientenaufnahme, Triagierung, Operation und Nachbehandlung).
- Hohe Spezialisierung durch hohe Arbeitsteilung (Fließbandproduktion).
- Rückwärtsintegration in Produktion von Medizinalprodukten, zum Beispiel Linsen.

Kernfähigkeiten
- Prozessmanagement.
- Rationalisierung und Standardisierung medizinischer Behandlungen.

Partner
- Aurolab, Hersteller von Linsen, ist eine Ausgründung von Aravind.
- Angehörige werden zur Pflege eingesetzt.

Ertragsmodell

Kostenstruktur
- Tiefste Kosten pro Operation durch hohe Arbeitsteilung und Prozessoptimierung.
- Vorabinvestitionen in Arbeitsmethodiken, spezialisierten Operationssälen.

Unternehmensgeist

Team
- Spezialisten, nicht nur aus der Medizin, sondern auch aus dem Bereich Prozessorganisation und Massenproduktion.
- Angehörige werden für Pflege geschult.

Aravind Eye Hospitals

Das McDonald's der Krankenhäuser: mit Massenproduktionstechnologien gegen Augenkrankheiten

Augenerkrankungen und Blindheit sind in Indien ein großes Problem, nicht nur weil die Menschen krank sind, sondern weil sie kein Teil der produktiven Gesellschaft und auf Almosen angewiesen sind. Krankheiten heilen haben schon viele versprochen. Aravind hat 6,5 Millionen Operationen durchgeführt und 55 Millionen Patienten behandelt. Das geht nicht mit westlicher Spitzenmedizin, sondern durch höchste Prozesseffektivität, die durch Methoden der Massenproduktion (Fließbandfertigung) erreicht wurde. Und alles ohne Entwicklungshilfe oder staatliche Unterstützung finanziert.

Was können andere lernen?

Denken außerhalb der Norm ist zentral, wenn Probleme existieren, die mit den heutigen Denkweisen nicht lösbar sind, weil nicht finanzierbar. Aus westlicher Sichtweise mag uns die Industrialisierung unmenschlich vorkommen, nur löst es eben das Problem der Blinden.
Wo können Sie mit Massenproduktionslogik die Kosten so senken, dass mehr Menschen in den Genuss der Nutzen kommen? IKEA hat es mit Möbeln gemacht; Aravind mit der Bekämpfung von Augenkrankheiten; Narayana Health bei der Herzchirurgie.

Value Proposition

Kunde

- Alle Inder, die an einer Augenkrankheit leiden, unabhängig, ob sie für eine Operation Geld haben oder nicht.

Nutzen

- Wieder sehen zu können und damit auch wieder ein Teil der »produktiven« Gesellschaft zu werden.
- Indische Mittelklasse tut Gutes, wenn sie sich im Aravind-Krankenhaus behandeln lässt, da ein Teil ihrer Behandlungsvergütung für die Behandlung Armer verwendet wird.

Ertragsquellen

- 70 Prozent der Patienten werden umsonst behandelt.
- 40 US-Dollar pro Operation bei 30 Prozent der Patienten reicht zur Finanzierung.

Werte

- Effizienz und Qualität als die Schlüsselwerte, um Mission zu erreichen.

Geschäftsstruktur

Überschaubares Angebot

- 17 Standardweine nach Rebsorten ohne Jahrgangsangabe.
- Drei Schaumweine.

Vertrieb und Kommunikation

- Nur über Händler, kein Direktvertrieb.
- Flaschen sind Kommunikation. Das Glas der Flaschen bildet die unterschiedlichen Farben der Rebsorten ab und erleichtert so dem Kunden die Auswahl.

Produktion (Kernaktivitäten)

- Produktion in industriellem Maßstab, zum Beispiel Abfüllanlage mit 36 000 Flaschen pro Stunde, sodass gleichbleibende Qualität sichergestellt wird.
- Weglassen aller Aktivitäten, die nicht die Einfachheit des Genusses unterstützen.

Kernfähigkeiten

- Industrielle Produktion.
- Cuvée von Wein über Jahre und über verschiedene Ernten hinweg, um gleichbleibende Qualität zu erreichen.
- Markenführung und Vertriebspartneraufbau.

Partner

- Lokale Winzer, die Trauben liefern.
- Distributionspartner, die [yellow tail] auch die Möglichkeit der breiten Präsentation im Laden geben.

Ertragsmodell

Kostenstruktur

- Niedriger als bei klassischen Winzern, da Wein industriell produziert wird, und weniger Ausschuss, da unterschiedliche Jahrgänge zu einheitlichen Weinen gemischt werden.
- Kein Kork, somit kann einheitliche Qualität geliefert werden.

Unternehmensgeist

Team

- Klassisches Team, wie bei großen Weinproduzenten, plus Kompetenz für industrielle Fertigung, Handelsmanagement und Marketing.

Value Proposition

Kunde
- Alle Verbraucher, die nicht spezielle Weinliebhaber mit großem Know-how sind.
- Aufgabe: Sag mir, welcher Wein zu welcher Gelegenheit passt, ohne dass ich viel falsch machen kann.

Nutzen
- Mit [yellow tail] macht der Kunde nichts falsch, da er immer gute Qualität zu gutem Preis bekommt.
- Wein ist trinkreif. Kaufen und direkt genießen.

Ertragsquellen
- Mittleres Preissegment, deutlich über Tisch- und Billigweinen.

Werte
- Einfachheit, kein sinnloses »Tamtam um Wein«.
- Großes, innovatives Weinhaus sein.

[yellow tail]

Einfach Wein

Casella Wines, ein australischer Weinproduzent, hat mit der Marke [yellow tail] ein großes Stück Einfachheit in den Weinmarkt gebracht und so frühere Nicht-Weintrinker zu Kunden gemacht. Nicht mehr Jahrgang oder Lage sind entscheidend, sondern allein die Rebsorten wie Shiraz, Merlot oder Riesling.
Der Wein ist ein Verschnitt von verschiedenen Lagen und Jahrgängen und bietet so eine einheitliche, gute Qualität. [yellow tail] will für den Käufer die Entscheidung, welcher Wein heute der Richtige ist, ganz einfach beantworten. Casella konzentriert sich in seiner Geschäftsstruktur auf Aktivitäten, die dem Kunden einen Nutzen bringen. Was Kunden schätzen. 2001 lanciert, hat [yellow tail] nach zwölf Jahren eine Milliarde Flaschen verkauft.

Was können andere lernen?

[yellow tail] fokussiert auf die Kunden, die bisher dem Wein ferngeblieben sind, weil es zu kompliziert war, den richtigen Wein zu finden. Salopp formuliert hat [yellow tail] die Einfachheit des Bierkaufs in den Weinmarkt gebracht.
Die Innovation von [yellow tail] war, Nicht-Kunden als Kunden zu sehen. Häufig sind die Nicht-Kunden das größere Marktsegment als die heutigen Nutzer.
Wie können Sie Nicht-Kunden zu Kunden machen?

Geschäftsstruktur

Angebot
- DeepL Web-Übersetzer/Linguee Wörterbuch.
- DeepL Pro mit optimiertem Webübersetzer und Integration in Übersetzungssoftware.
- API für Entwickler.
- Werbeplatz auf www.linguee.de.

Vertrieb und Kommunikation
- Freemium Variante auf Web, Mundpropaganda.
- Partnermanager für DeepL Pro.
- Pressearbeit.

Produktion (Kernaktivitäten)

Algorithmen Entwicklung → Trainingsmaterial finden und aufarbeiten → Superrechner Kapazitäten aufbauen → Künstliche Intelligenz trainieren → Maschinelle Übersetzung mittels Menschen verbessern → Übersetzen → Menschliches Feedback in KI einfliessen lassen

Kernfähigkeiten
- Computerlinguistik/Maschinen-Lern-Algorithmen.
- Aufsetzen von Superrechnerkapazität, um mit extrem großen Datenmengen zu trainieren.
- Schnelligkeit bei Übersetzung zu gewährleisten.
- 5,1 Petaflops Superrechner auf Island.

Partner
- 500 Freelancer (hauptsächlich Übersetzer).
- Verne Global, Anbieter für High Performance Computing auf Island.

Ertragsmodell

Kostenstruktur
- Stromkosten und Miete für Rechencenter auf Island.
- Personal inkl. Freelancer.
- Profitabel seit 2013, Startverlust nur 450 000 Euro, anfänglich 800 000 Euro von Investoren aufgenommen.

Unternehmensgeist

Team
- Gründer: Dr. Gereon Frahling und Leo Fink.
- Zwei Dutzend Mitarbeiter: Hälfte Ingenieure, Hälfte Produkt- und Qualitätsmanager.
- 500 Freelancer für Qualitätssicherung.

Value Proposition

Kunde

- Nutzer, die Texte und ganze Dokumente übersetzt haben möchten.
- Profianwender, die sich Anregungen für Übersetzungsmöglichkeiten holen wollen.
- Anbieter von Übersetzungssoftware.
- Entwickler, die Übersetzung in neue Anwendungen einbauen wollen.
- Werbetreibende.

Nutzen

- Übersetzung, die für ein gutes Verständnis des Ursprungtextes reicht.
- Vorübersetzung für Profis, die sich aufs Lektorieren des Textes konzentrieren können (höhere Produktivität).
- Integration in Apps ermöglicht Entwickler sich auf App zu konzentrieren und nicht auf Übersetzung.
- Sichtbarkeit auf Linguee mit Werbung.

Ertragsquellen

- Freemium Modell, wobei für Gelegenheitsnutzer der Webübersetzer kostenlos ist.
- DeepL Pro mit Monatsabos von 5.99 Euro (Starter) bis 39.99 Euro (Platin).

Werte

- Liebe zur Sprache und Liebe zu Maschinenlernen.
- Unabhängigkeitsstreben, da bisher hauptsächlich selbstfinanziert.
- Kampfgeist, um auch gegen mächtige Gegner wie Google anzutreten.

DeepL

Besser als Google

DeepL bietet eine Übersetzungsmaschine, die 72 Sprachkombinationen übersetzen kann. DeepL hat erkannt, dass Menschen keine Wörterbücher brauchen, sondern Übersetzungen. Das ist, was Menschen wirklich brauchen. Und DeepL ist besser als Google.

Das Geheimnis von DeepL liegt in der »Produktion« der Übersetzung. DeepL hat nicht mit einer Redaktion angefangen, die Wörter gesammelt und übersetzt hat. DeepL ist den umgekehrten Weg gegangen und hat von Menschen übersetzte Texte mittels Maschinenlernen wieder in einzelne Wörter und deren Übersetzung zerlegt. DeepLs neuronales Netzwerk wurde mit einer Milliarde menschlicher Übersetzungen angelernt. Das Wörterbuch Linguee.de war 2009 ihr erstes Produkt. 2017 wurde DeepL lanciert. DeepL wurden vom Wissenschaftler Dr. Gereon Frahling mitgegründet, der sich schon während seines Doktorates mit dem Thema beschäftigt hat.

Was können andere lernen?

DeepL ist ein DeepTech-Unternehmen, sprich sie haben eine Technologie entwickelt, die ein breites Anwendungsfeld hat. Das Geschäftsmodell von DeepL ist noch in einem frühen Stadium und erlaubt weitere Anwendungen, von denen man nur träumen kann. Dr. Frahling zeigt, dass man als Forscher unternehmerisch denken kann.

Mit welcher Technologie könnten Sie einen Markt komplett umkrempeln? Dafür müssen Sie nicht ein komplettes Geschäftsmodell haben, sondern »nur« eine Technologie als Kernfähigkeit, die überragend ist und sich vielfältig einsetzen lässt.

B

Der Prozess

Der Prozess: Von der Idee zum Geschäftsmodell

Im Teil A haben Sie alle Bausteine und Elemente eines Geschäftsmodells kennengelernt. Jetzt müssen Sie aus Ihrer Idee ein funktionsfähiges Geschäft bauen.
Dieser Prozess besteht aus sechs Schritten – und vielen Entscheidungen. Die ersten beiden Schritte lauten »Entdecken« und »Verstehen«: Sie müssen entdecken, welche Kundenaufgaben noch nicht gelöst sind, und Sie müssen verstehen, in welchem Umfeld Sie Ihr Geschäft betreiben.
Ab Schritt 3: »Ideenfindung« *dürfen* Sie in Lösungen denken. In Schritt 4: »Design« entwickeln Sie mehrere Varianten für Ihr Geschäftsmodell. In Schritt 5: »Auswahl und Testen« kommt die Entscheidung, welche Geschäftsvariante Sie als Prototyp testen wollen.
Wenn der Prototyp den Test bestanden hat, können Sie in Schritt 6: »Bauen und Lernen« Ihr Geschäft komplett fertigbauen.

Woher kommen Ideen?

Viele Gründer starten mit einer Produktidee – und einer meist eher diffusen Vorstellung davon, welches Kundenproblem sie lösen wollen. Andere haben eine sehr klare Vorstellung, aber noch keinen Einfall für ein Produkt. Und schließlich gibt es jene Gründer, die eine neue Technologie erschaffen haben und nun versuchen, daraus ein Produkt zu entwickeln.
Alles gute Wege. Das Schwierige am Unternehmertum ist, dass keiner Ihnen sagt, wo Sie anfangen müssen. Keine Sorge: Wir stellen die Werkzeuge. Das ist wie beim Malen. Sie können Pinsel kaufen und einen Malkurs belegen, aber am Ende entscheiden Sie, welches Sujet Sie malen wollen. So ist das auch mit dem Werkzeugkasten für Unternehmer.

Und woher kommt meine Idee?

Falls Sie noch keine Idee haben, fragen Sie sich: Welche Aufgaben in Ihrem Leben sind nicht optimal gelöst? Was wünschen Sie sich selbst für sich?
Gehen Sie mit offenen Augen durch fremde Länder und suchen Sie interessante Geschäftsideen. Der Gründer von Red Bull, Dietrich Mateschitz, kam so auf die Idee mit seinem Energydrink. Er lernte Anfang der 1980er-Jahre in Südostasien die dort weitverbreiteten Energydrinks kennen. Aus dieser Produktidee hat er das Geschäftsmodell »Red Bull« entwickelt, das sich durch außergewöhnliches Marketing auszeichnet.[20]
Lernen Sie, verschiedene Sichtweisen auf dasselbe Thema einzunehmen. So hat John Bird Anfang der 1990er-Jahre Obdachlose nicht als Penner angesehen, sondern als Menschen mit wertvoller Erfahrung auf der Straße. So wurde die Zeitung *The Big Issue* in London geboren. Von professionellen Journalisten geschrieben und von Obdachlosen verkauft, wurde sie Vorbild für viele Initiativen in Europa.
Das ist eine schöne, gute Idee – aber Ideen müssen primär funktionieren. Die mobilen Toi-Toi-Toiletten sind nicht unbedingt eine schöne Idee, aber eine sehr gute: Sie werden für Anlässe vermietet, an denen sie gebraucht werden, auch an entlegenen Orten, und lösen so ein buchstäblich dringendes Problem auf einfache Weise.
Ideen sind ein Rohstoff, der nie versiegt. Jede Zeit hat ihre andere Art von Ideen. Auch auf Sie warten eine Reihe von gewinnbringenden Einfällen – halten Sie also Herz und Augen offen!

Geschäftsmodellentwicklung, nicht Produktentwicklung!

Viele Gründer denken, dass es reicht, aus ihrer Idee ein Produkt zu entwickeln. Doch das Angebot ist nur ein Baustein eines Geschäftsmodells. Sie müssen auch alle übrigen entwickeln.
Der anstehende Prozess hilft Ihnen, strukturiert alle Elemente und Bausteine Ihres Geschäftes zu designen. Die Realität wird allerdings nicht so strukturiert sein. Customer Insights sind noch keine Garantie für ein entsprechendes Kundenverhalten. Das Richtige gründen ist eine Entdeckungsreise mit vielen kleinen, aber wichtigen Irrfahrten.
Gründer schießen sich meist sehr schnell auf eine Idee ein und lassen nicht mehr locker, auch

dann, wenn die Idee noch nicht beim Kunden getestet wurde und sie auch nicht besonders klug ist. Wenn Sie dem Prozess folgen, den Sie hier erlernen, werden Sie viele Dinge, die Sie als gegeben angesehen haben, ja als zwingend, als nicht mehr sinnvoll ansehen und sehr viel bessere Optionen entwickeln.

Dieses Buch will vollgeschrieben, vollgezeichnet und vollgefehlert sein

Schreiben Sie also dieses Buch voll, machen Sie Zeichnungen, notieren Sie wichtige, unwichtige, abwegige und brillante Gedanken. Und machen Sie viele Fehler. So kommen Sie schneller ans Ziel – und zwar ans richtige. Die Visualisierung hilft Ihnen, Ihre Idee besser zu entwickeln – und Schwächen aufzuzeigen.
Am besten suchen Sie sich zusätzlich noch einen Raum, in dem Sie Zettel, Poster, Fotos und alles Mögliche aufhängen können. Die Erfahrung zeigt, dass es hilft, sich auch physisch mit seiner Idee zu umgeben, nicht nur mental.

Eine Annahme ist eine Annahme

Aber denken Sie daran, dass Sie eigentlich noch nichts wirklich wissen, sondern dass alle Ideen Vermutungen und Annahmen sind. Unternehmertum hat keine Naturgesetze,[21] sondern basiert auf Menschen, die jederzeit ihre Meinung ändern können.

1.

Customer Insights gewinnen

- Wer sind meine Kunden?
- Wie sieht das Kundenerlebnis heute aus? Zeichnen Sie die Kundenreise.
- Welche Aufgaben sind wenig oder nicht gelöst?
- Customer Insights identifizieren.

2.

Verstehen und Standpunkt festlegen

- Heutige Lösung und deren Stärken und Schwächen verstehen.
- Verstehen, wie Kunden denken und entscheiden.
- Verstehen, wie sich Technologie und Umfeld verändern.
- Markt und seine Mechanismen verstehen.
- Market Insights identifizieren.
- Standpunkt festlegen, auf dem die Gründung basiert.

4.

Design von Varianten

- Vier Varianten auswählen.
- Geschäftsmodell für Varianten designen.
- Zusammenhänge zwischen Bausteinen überprüfen.
- Einzigartigkeit der Geschäftsmodelle ausarbeiten.
- Geschichte pro Variante schreiben.

5.

Auswahl und Testen

- Optimales Geschäftsmodell auswählen.
- Geschichte schreiben.
- Pitch vorbereiten und einüben.
- Prototyp bauen und mit Kunden testen.
- Geschäftsmodell ändern, falls notwendig.
- Wieder testen.
- Business Case schreiben.

3.

Ideen finden

- Sich von Unternehmen aus anderen Branchen inspirieren lassen.
- So viele Ideen wie möglich finden für:
  - Value Proposition;
  - Geschäftsstruktur;
  - Ertragsmodell;
  - Unternehmensgeist.
- Verrückte und mutige Ideen zulassen.

6.

Bauen und Lernen

- Geschäft bauen.
- Daten über Kundenverhalten und Feedback sammeln und auswerten.
- Geschäftsmodell laufend an neue Insights anpassen.
- Wende einleiten, falls notwendig.

Der Prozess, das Richtige zu gründen

In sechs Schritten von der Idee zum Geschäftsmodell

Der Prozess zwingt Sie, strukturiert die Elemente und Bausteine Ihres Geschäftes zu designen. Sie müssen nicht nur Ihr Produkt, sondern das gesamte Geschäftsmodell entwickeln.

Prozess, Neues zuzulassen

Lassen Sie sich darauf ein, nicht direkt in Lösungen zu denken, sondern erst Insights über Kunden und ihr Umfeld zu sammeln, bevor Sie Lösungen entwickeln.

Prozess, der Sie zwingt, Farbe zu bekennen

Der Prozess treibt Sie, Entscheidungen zu treffen und diese immer wieder zu prüfen.
Lassen Sie sich auf den Prozess ein und Sie werden das Richtige gründen.

1.

Customer Insights gewinnen

Aufgaben:

Wer sind meine Kunden?
Wie sieht das Kundenerlebnis heute aus?
Zeichnen Sie die Kundenreise.
Welche Aufgaben sind wenig oder nicht gelöst?
Customer Insights identifizieren.

Customer Insights als Fundament eines jeden guten Geschäftes

Customer Insight ist ein Begriff und Konzept, für den es im Deutschen kein gebräuchliches Wort gibt. Customer Insights sind Einsichten in das Verhalten der Kunden.[22] Sie sind entscheidend, um die richtige Value Proposition für Ihr Unternehmen zu finden.

Sie brauchen einen starken Customer Insight, eine Einsicht in ein schlecht gelöstes Kundenproblem, um ein gutes Geschäftsmodell zu entwickeln.

Die Kunst ist, den richtigen Insight zu finden, denn nur wenn Sie sich auf einen wirklichen Nutzen fokussieren, nimmt Sie der Kunde später auch wahr.

Für den Kunden bedeutet der richtige Customer Insight, dass er Begeisterung entwickelt, da er sich ernst genommen und verstanden fühlt.

Fischer-Dübel – und es hält

Ende der 1950er-Jahre ärgerte sich Artur Fischer[23] über die bestehenden Metall- und Holzdübel, mit denen damals Dinge in Mauern befestigt wurden. Das war sein Insight: die bestehenden Lösungen waren schlecht.

Seinem ersten Versuch war allerdings kein Erfolg beschieden, da sich die Fensterläden, die er mit einem Bolzen mit Gummilippe befestigt hatte, im Sommer wegen der Wärme wieder lösten. Er tüftelte weiter, und so entstand der Kunststoffdübel, den heute jedes Kind kennt.

Wer schon Fischer-Dübel benutzt hat, kann sich gar nicht vorstellen, dass es eine Welt davor gegeben hat, da er so effizient das Befestigungsproblem löst.

Customer Insights können auch auf höchst emotionalen Bedürfnissen basieren. Denken Sie an Zara. Deren Insight ist, dass Frauen gerne shoppen, insbesondere wenn gewisse Kleiderstücke nur für kurze Zeit verfügbar sind.

Der Customer Insight ist, dass die kurze Verfügbarkeit und ein immer wechselndes Angebot dazu führen, dass Kundinnen immer wieder schauen »müssen«, was Zara gerade anbietet, denn sie könnten sonst etwas verpassen.

Denken Sie an Tchibo mit seinen wechselnden Themenwelten. Der gleiche Insight dürfte erklären, warum ganz Deutschland mit Spargelkochtöpfen ausgestattet ist oder dass Tchibo innerhalb weniger Wochen den ganzen, normalen Jahresabsatz von Pulsmessern verkaufen kann.[24]

Neben den »Customer Insights« gibt es auch »Market Insights«. Das sind Einsichten in das Umfeld Ihres Unternehmens. Im nächsten Schritt, dem »Verstehen«, beschäftigen Sie sich mit diesen Insights.

Wer ist überhaupt der Kunde?

Eine der schwierigsten Fragen ist, wer der Kunde sein könnte. Stellen Sie sich vor, Sie hätten mitbekommen, dass auf dem VW-Werksgelände in Wolfsburg zu viele Autos unterwegs und die Parkplätze vor den einzelnen Abteilungen dauernd besetzt sind. Ihre Idee ist, dass eine Alternative E-Bikes wären, mit denen der Werkverkehr optimal abgedeckt werden könnte.
Wem könnten Sie jetzt die Fahrräder versuchen zu verkaufen? Wer könnte noch eine Rolle spielen?

- Die Mitarbeiter auf dem Gelände könnten Kunden sein und die E-Bikes direkt kaufen. Unabhängig davon wären die Mitarbeiter auf jeden Fall die Nutzer.
- Der Werkleiter könnte Kunde und Ansprechpartner sein, da er für das gesamte Werk verantwortlich ist.
- Der Werkschutz hat das Problem, die Sicherheit auf dem Gelände zu garantieren. Wildparken ist für ihn nicht akzeptabel. Auch er könnte Ihr Kunde sein.
- Die IG Metall ist eine bedeutende Macht in Wolfsburg. Mit coolen E-Bikes könnten die Gewerkschaften etwas für ihr Image machen und zeigen, wie moderne Mobilität aussieht.
- Der Nachhaltigkeitsbeauftragte von VW sucht immer Projekte, an denen er zeigen kann, dass VW nicht nur redet, sondern auch handelt.
- Der Forschungsleiter möchte seine Mitarbeiter motivieren, querzudenken und Bestehendes infrage zu stellen. Als Signal dafür könnte er für seine Mitarbeiter E-Bikes anschaffen.

Aufgabe: Kundensegmente definieren

Welche potenziellen Kundensegmente kommen für Ihr Geschäft infrage? Wie erreichen Sie diese Segmente am besten, um Customer Insights zu gewinnen? Was ist die Geschichte, die Sie brauchen, um überhaupt mit den potenziellen Kunden ins Gespräch zu kommen? Unterscheiden Sie Kunden von Nutzern.

Reisen Sie mit Ihrem Kunden zu seinen Aufgaben

Wie kommen Sie zu Customer Insights? Reisen Sie mit dem Kunden entlang aller Schritte, mit denen er heute sein Bedürfnis befriedigt. Dann sehen Sie viele ungelöste oder schlecht gelöste Aufgaben und finden so Ihren Insight.
Unternehmen sehen den Kunden als Subjekt, dem sie etwas »verkaufen« wollen und den sie »beliefern«. Bloß denkt der Kunde nicht so. Der Kunde »informiert« sich, was er kaufen möchte, dann »kauft« er, und nachher »benutzt« er das Produkt.
Nehmen Sie darum immer die Warte des Kunden ein: Verkaufen Sie nicht, sondern schauen Sie, wie der Kunde kauft und seine Kaufentscheidung trifft. Identifizieren Sie die Aufgaben oder Jobs, die der Kunde mit dem Produkt lösen will. IKEA denkt so. Dort gibt es keine Schränke im Katalog, sondern die Sektion »Aufbewahren«. Schränke sind nur eine Lösung, um etwas aufzubewahren.
Die Kundenreise ist nicht nur gut geeignet, um Customer Insights zu gewinnen, sondern auch Ausgangspunkt für das Design Ihres Bausteins »Produktion«. Richten Sie Ihren Produktionsprozess so aus, dass Sie einerseits effizient produzieren (tiefe Kosten), aber andererseits Ihren Prozess gut auf die Aufgaben des Kunden abstellen und somit höhere Erträge generieren können, weil der Kunde sich bei Ihnen aufgehoben fühlt.

Die Reise der Socke

Nehmen wir nochmals Herrensocken. Wie sieht die Kundenreise bei Socken aus? Welche Aufgaben löst der Kunde über die Reise mit den Socken?
Socken als Produkt stellen seit Jahren kein Problem dar. Sie haben wenig Löcher und sind so preiswert, dass keiner mehr Löcher stopft. Es scheint aus Sicht der Sockenunternehmen wenige Probleme bei Socken zu geben. Oder doch nicht? Folgen wir deshalb der Herrensocke nach dem Kauf nach Hause. Die Socken kommen ordentlich in den Schrank. Am Morgen findet der Kunde die Socken als Paar im Schrank und zieht sie an. Wenn es gute Socken sind, dann spürt der Kunde über den Tag wenig von seinen Socken. Die Socken gleichen den Feuchtigkeitshaushalt der Füße aus. Sie sorgen dafür, dass auch längere Strecken ohne schmerzende Stellen oder gar Blasen an den Füßen zurückgelegt werden können. Gute Socken

bleiben auch mehr oder weniger oben an der Wade und verhindern so bei Männern den Anblick einer weißen, behaarten Wade.
Gehen wir weiter. Die Socken werden ausgezogen und kommen in den Wäschesack. Dort warten sie, bis sie gewaschen werden. Auch hier alles noch ohne Probleme. Die nächsten Aufgaben sind, die Socken aus der Waschmaschine zu holen und zu trocknen.
Ab hier machen Socken Arbeit: Wie finde ich die Socken, die zusammen ein Paar ergeben? Warum geht immer eine Socke eines Paars verloren?
Die heutige Lösung für den Kunden ist ein hoher Aufwand. Wer kennt das nicht, wie man auf dem Boden die passenden Socken zusammensucht. Früher war die Lösung, dass Männer das Zusammensuchen und -legen an Ihre Ehefrau ausgelagert haben und sich somit des Problems entledigten. Doch die Zeiten haben sich geändert. Männer werden emanzipierter, und jetzt schlagen sie sich selbst mit der Aufgabe herum, Socken zu Paaren zusammenzulegen. Gut so.

Und genau dieses schlecht gelöste Problem war der Customer Insight, auf dem Blacksocks sein Geschäftsmodell aufgebaut hat. Mit Blacksocks wird das »Sockenproblem« gelöst, weil es nur noch einen Typ von Socken gibt. Die Socken passen immer zusammen. Wenn eine Socke verloren geht, dann warten Sie einfach, bis die Socke wieder auftaucht oder eine andere Socke verschwindet. Mit immer gleichen Socken kann das Sockenproblem gelöst werden.

Aufgabe: 20 Interviews mit potenziellen Kunden

Führen Sie mindestens 20 Interviews mit potenziellen Kunden und mindestens fünf in jedem einzelnen Kundensegment. Zeichnen Sie die Kundenreise auf. Wo auf der Kundenreise gibt es un- oder schlecht gelöste Kundenaufgaben?

Aha, sagt der Insight

Ein Customer Insight sollte klar einen Kunden identifizieren und eine schlecht oder gar nicht gelöste Aufgabe. Achtung: Es geht noch nicht darum, eine Lösung zu entwickeln. Das kommt in Schritt 3. Vorerst geht es um überraschende, unbekannte Erkenntnisse über ein Kundensegment, die als Ausgangspunkt für ein Geschäftsmodell funktionieren. Denn gute Insights lösen immer einen kleinen Aha-Effekt aus.
Beispiele:[25]

- *Privatkunden suchen im Web oft viele Stunden nach einem günstigen Preis für eine Reise. Doch die Unterschiede sind meist gering, und der Aufwand steht rasch in keinem Verhältnis mehr für die Einsparung. Doch der Hauptgrund für die ausgiebige Suche nach dem Preis hat keine rationalen Gründe, sondern einzig mit dem Wunsch der Kunden zu tun, nicht veräppelt werden zu wollen.*

- *Kunden sagen in Umfragen, dass sie Online-Bestellungen möglichst schnell geliefert haben wollen. Dabei meinen sie aber nicht, dass die Ware möglichst schnell an eine Adresse geliefert wird, sondern zur richtigen Zeit und an den richtigen Ort. Wer tagsüber nicht zu Hause ist, hat nichts von einer schnellen Sendung dorthin, sondern profitiert von der Möglichkeit, sie sich alternativ im Büro zustellen zu lassen.*

- *Nur acht Prozent der Studenten sind Vegetarier. Aber wenn man ihnen vegetarische Speisen wie Kaiserschmarren, indisches Curry oder Auberginenauflauf mit Schafskäse anbietet, finden 80 Prozent von ihnen diese reizvoll und würden sie sofort kaufen.*

- *Das Gerade-Aufstellen eines Weihnachtbaumes selbst durch zwei Personen ist schwierig. Das führt immer wieder zu unerfreulichen Diskussionen bei Ehepaaren unter dem schiefen Weihnachtsbaum.*

Aufgabe: Customer Insights

Für jeden Insight erstellen Sie ein kleines Poster und hängen es in Ihrem Raum auf. Sie sollten mindestens 40 Customer Insights haben. Gut ist es, wenn Sie die Customer Insights entlang der Kundenreise aufhängen, sodass Sie sehen, wann der Kunde welche Herausforderung hat.
Sie werden bald herausfinden, dass sich viele Customer Insights um ähnliche Themen drehen.
Gruppieren Sie sie so, dass Sie übergeordnete Themen erkennen.

2.

Verstehen und Standpunkt festlegen

Aufgaben:

Heutige Lösung und deren Stärken und Schwächen verstehen.
Verstehen, wie Kunden denken und entscheiden.
Verstehen, wie sich Technologie und Umfeld verändern.
Markt und seine Mechanismen verstehen.
Market Insights identifizieren.
Standpunkt festlegen, auf dem die Gründung basiert.

Das Geschäftsmodell ist die *Innensicht* auf Ihr Unternehmen und Ihre Kunden. Im zweiten Schritt nehmen Sie eine *Außensicht* auf Ihr Geschäft. Folgende Aspekte müssen Sie verstehen, um das Richtige zu gründen:

- Sie müssen verstehen, welche Lösungen der Kunde heute schon für die von Ihnen gefundenen Aufgaben hat. Das ist Ihr *Wettbewerb.*
- Sie müssen verstehen, wie viele Kunden bisher schlecht gelöste Aufgaben haben und ob sich daraus ein größerer *Markt* ergibt.
- Sie müssen verstehen, welche *gesellschaftlichen* und *technologischen Trends* Ihr Geschäft beeinflussen werden, auf welchen Trends Sie surfen können und welche Trends Ihnen Knüppel zwischen die Beine werfen.
- Sie müssen verstehen, wie der *Markt für die heutigen Lösungen funktioniert* und welche Mechanismen ihn prägen.

Seien Sie systematisch unsystematisch

Lesen Sie Marktstudien, aber nicht alle. Gehen Sie auf Messen und Branchenevents. Sprechen Sie mit Leuten aus Ihrem Gebiet. Machen Sie ein Praktikum bei herausragenden Unternehmen, um mehr Insights zu gewinnen. Lernen Sie von den Besten aus anderen Branchen. Rufen Sie wildfremde Menschen an, wenn Sie glauben, dass Sie dort einen Insight gewinnen können.
So werden Sie in kürzester Zeit sehr viele Insights gewinnen. Zapfen Sie unterschiedliche Quellen an, damit Sie möglichst schnell eine Übersicht bekommen.

Finden Sie die wirklichen Experten

Sprechen Sie mit den wirklichen Experten über Ihre Idee. Das ist nicht unbedingt die Geschäftsleitung eines Unternehmens. Wer weiß am meisten von Einkaufswagen? Ist das der Chef eines Supermarkts? Oder eher derjenige, der Sie zusammenschieben muss und immer wieder sieht, wie Menschen auf großen Parkplätzen damit hantieren? Er weiß, welche Aufgaben die heutigen Wagen nicht gut erfüllen.[26]

Aufgabe: Ihre Quellen?

Wo sind die wirklichen Experten für Ihren Bereich? Wie können Sie an das Wissen kommen, zum Beispiel mit Praktikum, Testeinkäufe, Interviews, Beobachtung?

Ihr Wettbewerb: Der Kunde hat bereits heute eine Lösung

Für alles hat der Kunde bereits eine Lösung. Sie mag nicht perfekt sein, aber es gibt sie. Beim Verstehen müssen Sie herausfinden, welche dieser Lösungen die oben gefundenen Aufgaben des Kunden lösen.
Nehmen wir die automatische Bewässerung für Balkonpflanzen, wie Gardena sie anbietet. Wie wurde früher das Bewässerungsproblem gelöst? Sind früher alle Pflanzen verwelkt, wenn man in den Urlaub fuhr? Nein, man hat die nette ältere Dame im Haus gefragt, ob sie nicht die Blumen gießen könne. Heute sind die sozialen Netze nicht mehr so eng, und so hat sich eine Marktlücke für Bewässerungsanlagen aufgetan.
Ihre Wettbewerber müssen nicht die gleichen Produkte herstellen, um eine Konkurrenz zu sein, sondern für Ihre Kunden die gleiche Aufgabe lösen. Das sind die wirklich gefährlichen Wettbewerber, da sie nicht so »offensichtlich« sind. Wie – für unser Beispiel – sogenannte Haussitter, die bei Ferienabwesenheiten Blumen gießen et cetera.

Aufgabe: Wettbewerber

Welche Lösungen gibt es für die Aufgabe, die Sie lösen möchten? Die Aufgaben haben Sie während der Reise mit dem Kunden identifiziert.

Welche Aufgabe?	Wie sieht die heutige Lösung aus? Wo liegen die Stärken? Wo die Schwächen, die Sie ausnutzen wollen?	Wer ist der Wettbewerber, den es zu schlagen gilt? Namen? Was zeichnet ihn aus?

Bisher gibt es keine Lösung für das Problem. Gibt es also überhaupt einen Markt?

Wenn Sie glauben, dass es bisher keine Lösungen für die von Ihnen identifizierte Aufgabe gibt, ist die Chance groß, dass es auch keinen Markt dafür gibt. Denken Sie an die nette Nachbarin, die die Blumen gießt. Es mag keine kommerzielle Lösung geben, aber für die meisten Aufgaben in der Welt gibt es schon Lösungen. Sie mögen nicht elegant oder explizit als Produkt auftreten, aber gegen diese Lösungen treten Sie an. Auch diese sogenannten Workarounds müssen Sie verstehen und sich gegenüber diesen durchsetzen.
Ein Geschäft kann allerdings nur aufgebaut werden, wenn die Anzahl potenzieller Kunden groß genug ist, um auch langfristig Gewinne zu erzielen. Überlegen Sie also, wie viele Kunden die von Ihnen identifizierte Aufgabe haben. Es muss noch kein kommerzieller Markt existieren, um die Aufgabe vorzugeben, aber es müssen genügend Kunden existieren, die dieselbe zu lösende Aufgabe haben und auch bereit sind, für eine Lösung zu zahlen.

Krinner: Aus ungelösten Aufgaben Märkte bauen

Klaus Krinner ist ein richtiger Unternehmer und hat schon zwei Märkte aus ganz persönlichen Customer Insights »geschaffen«. Er ist Bauer in Bayern, der schon früh die Tradition über Bord warf und von der Milchwirtschaft erfolgreich auf Erdbeeren zum Selbsternten umsattelte. Krinner sieht überall ungelöste Aufgaben und findet Lösungen, die erst Märkte schaffen.

Erster Markt: Weihnachtsbäume gerade aufstellen

Als er 1988 zu Hause den Weihnachtsbaum aufbauen musste, fand er den traditionellen Ständer mit Schrauben äußerst unpraktisch. Im *Spiegel* lässt er sich mit »Des is a Glumpp« zitieren.[27]
Nie ist der Baum gerade. Eine Person allein kann den Baum nicht gerade aufstellen. Das war sein Customer Insight. Ihm war klar, dass er nicht der Einzige mit der Aufgabe »Weihnachtsbaum gerade aufstellen« ist, aber keiner hat gesehen, dass sich aus der schlecht gelösten Aufgabe ein großer Markt entwickeln lässt.
Fix hatte er einen Ständer mit Seilzug entwickelt, der mit einem Fußtritt den Baum fixiert. Kein

Rumkriechen unter dem Baum ist mehr notwendig. Schon beim ersten Verkaufsgespräch war der Einkäufer so begeistert, dass er mehrere Tausend orderte. Im ersten Jahr verkaufte Krinner allein 27 000 Stück. So war der Customer Insight, der nur auf seiner eigenen Erfahrung basierte, bestätigt worden. Heute ist Krinner »der Markt« für Weihnachtsbaumständer. Auf Amazon schreibt eine Kundin, dass er ihre Ehe gerettet hätte, da jetzt das Drama vor Weihnachten ausbleiben würde.

Zweiter Markt: Temporäre Erdbefestigung

Sein zweiter Customer Insight war, dass es kompliziert ist, etwas fest in der Erde zu verankern. Die Einsicht kam ihm, als er einen Wäscheständer im Garten befestigen wollte. Er sah, dass es keine gute Lösung für das Thema »Erdbefestigung« gab. Klar kann ein Loch in die Erde gegraben und Beton angerührt werden, der ins Loch gegossen wird, in den eine Halterung gesteckt wird. Anschließend heißt es warten, bis der Beton ausgetrocknet ist. Mühsam, fand Krinner.
Er sah, dass er mit der Aufgabe nicht allein war. Überall müssen Dinge in der Erde befestigt werden: Straßenschilder, Zäune ... Marktstudien gab es nicht, aber durch Herumschauen stellt man sehr schnell fest, dass es einen großen Markt für Erdbefestigung geben müsse, den aber noch keiner entdeckt hat. Die Konkurrenten dachten in Produkten wie Beton oder Schaufeln, aber nicht in ungelösten Aufgaben.
Krinners Lösung war die Erdschraube oder das Schraubenfundament. Eine Erdschraube sieht aus wie eine überdimensionierte Schraube, die ins Erdreich gedreht werden kann. Heute bietet er Schrauben zwischen 33 Zentimeter und 350 Zentimeter an plus die dazugehörigen Maschinen, die die Schrauben eindrehen. Und die Schraubfundamente können rückstandslos aus der Erde entfernt werden.
Krinners Insight basierte auf seiner eigenen Erfahrung. Schnell sah er, dass ein viel größerer Markt für »temporäre Erdbefestigung« existiert und es sich lohnt, darauf ein Geschäft aufzubauen. Krinner konnte aber nicht voraussehen, dass der Markt sogar noch viel größer war, denn sobald die Kunden das System verstanden hatten, fanden sie weitere Aufgaben, die mit Schraubfundamenten zu lösen waren. So werden heute Permafrosthäuser, Fotovoltaikanlagen und Carports mit Schraubfundamenten verankert.

Wahl des richtigen Zeitpunkts

Sie können das beste Angebot haben, das alle bisherigen Lösungen schlägt. Nur können Sie zu früh im Markt sein, wenn kein Kunde überhaupt weiß, welche Aufgabe heute schlecht gelöst wird. Sie können aber auch zu spät sein, wenn sich eine andere Lösung so durchgesetzt hat, dass die Kunden sich schwertun, zu Ihrer Lösung zu wechseln.

Einem Hausbesitzer, der vor fünf Jahren eine neue Gasheizung eingebaut hat, brauchen Sie keine Wärmepumpen verkaufen.

Einem Hausbesitzer, der ein 50 Jahre altes Haus hat, dessen Heizung vor 25 Jahren saniert wurde, dem können Sie ein neues Energiekonzept aus regenerativen Quellen verkaufen.

Überlegen Sie sich, wann dieser Punkt bei Ihren zu lösenden Aufgaben auftaucht. Typische Punkte, wo Menschen ihre Gewohnheiten überdenken, sind *Ausbildung, Eintritt ins Berufsleben, Umzug, Heirat, Kinder, Scheidung, Erbe oder Pensionierung*. Bei Unternehmen sind es *neue Chefs und Verantwortliche, neu auftauchende Wettbewerber, Ende eines Technologiezyklus, Krisen et cetera.*

Allerdings funktionieren Menschen nach Gewohnheiten. Die meisten sind zufrieden mit den heutigen Lösungen. Wenn Sie sie fragen, werden sie Ihnen sagen, wo Sie was in der heutigen Lösung optimieren müssen, aber zu komplett neuen Lösungen kommt der Kunde meist nicht.

Aufgabe: Marktpotenzial

Wie groß – Anzahl Kunden – ist Ihr potenzielles Kundensegment, auf das Ihr Customer Insight zutrifft? In Ihrer Region, in Deutschland, im deutschsprachigen Raum, in Europa und in der Welt?

Die Gewohnheit ist einer Ihrer größten Feinde

Sie müssen daher nicht nur ein wenig besser, sondern merklich besser und anders als die heutige Lösung sein. Selbst wenn Sie nachweisbar besser sind, heißt das immer noch nicht, dass der Kunde von seiner heutigen Lösung wegkommt. Ganz einfach, weil er vielleicht schon viel Geld und Zeit in seine heutige Lösung investiert hat und diese Investitionen verlieren würde, wenn er wechselt.

MLP und VZ Vermögenszentrum – auf den Zeitpunkt kommt es an

Ganze Unternehmen wurden auf dem Identifizieren des richtigen Zeitfensters gegründet, also dann, wenn der Kunde offen für Veränderungen ist. Wie etwa MLP, eine Finanzberatung, die erkannt hat, dass Akademiker am Ende des Studiums für Fragen über Berufsunfähigkeitsversicherungen, Familienabsicherungen und andere Finanzthemen offen sind – insbesondere dann, wenn Mediziner Mediziner beraten und nicht ein Finanzberater, der keine Ahnung von den Herausforderungen hat, vor denen eine junge Ärztin steht.
In der Schweiz hat sich das VZ Vermögenszentrum auf das Zeitfenster konzentriert, wenn Berufstätige pensioniert werden und sich überlegen müssen, was sie mit ihrem Pensionskassenvermögen machen. Während normalerweise Kunden selten eine Bank wechseln, ergibt sich eine Chance, wenn hohe Vermögen aus der Pflichtversicherung frei werden. Auf diesen Insights baut das VZ Vermögenszentrum sein Geschäftsmodell auf.

Aufgabe: Fenster der Chance

Welche Punkte gibt es, wo sich ein Fenster der Chancen bei Ihren Wettbewerbern oder in Ihrer Branche auftut? Wie können Sie dieses Fenster nutzen?

Fenster der Chance	Warum könnte Ihnen das Fenster nutzen?

Was Sie verstehen müssen, hängt von Ihrer Idee ab

Beim Verstehen geht es darum, die Themen zu finden, die für Ihr Unternehmen wichtig sind. Was wichtig ist, hängt stark vom Umfeld ab, in dem Sie tätig werden wollen.
Wenn Sie an eine Bäckerei denken, müssen Sie sich mit Lebensmittelhygiene, in Deutschland mit dem System der Handwerkskammern, mit möglichen Standorten, wo Sie Ihre Bäckerei eröffnen wollen, oder mit der modernsten Backofentechnik beschäftigen.
Wenn Sie ein Webunternehmen gründen wollen, dann müssen Sie Entwicklungssprachen, Hosting, Benutzeroberflächen, die Entwicklung hin zum mobilen Internet, das deutsche Abmahnunwesen et cetera verstehen.

Megatrends

Wir leben in einer Zeit des Umbruchs. Das Internet demokratisiert den Zugriff auf Wissen und verändert als Querschnittstechnologie alle Lebensbereiche, die Globalisierung verändert das Machtgefüge der Welt, und die Menschheit lebt zusehends urbaner. Gleichzeitig leben wir weit über unsere Verhältnisse und verbrennen mehr fossile Rohstoffe als nachwachsen und es für unser Klima gut ist.
Aus diesen Megatrends ergeben sich Gefahren, aber auch Chancen für Unternehmer, die Dinge anders und besser zu machen.

Aufgabe: Wo müssen Sie mehr verstehen?

In welchen Bereichen müssen Sie mehr verstehen? In welchen gesellschaftlichen, technischen, ökologischen und ökonomischen Bereichen?

Aufgabe: Megatrends

Welche Megatrends sind für Ihre Idee relevant? Warum?
Wie wollen Sie diesen Megatrend nutzen?

Sind Sie wettbewerbs- oder kundenorientiert?

Es gibt zwei Wege, sich zu positionieren: In der klassischen Gründungsliteratur wird davon gesprochen, dass Sie sich Ihre Wettbewerber genau anschauen müssen, um erfolgreich ein Unternehmen zu starten und zu führen. Die *Wettbewerbsorientierung* ist breit akzeptiert, gerade bei Investoren, da sie selbst keine Entscheidung treffen müssen, sondern genau in das investieren, worüber es viele Studien gibt und was andere schon gemacht haben.

Allerdings entsteht so nichts *Neues,* sondern höchstens ein *wenig anderes,* im Idealfall Besseres. Wir brauchen aber mehr Unternehmen, die den Kunden in den Mittelpunkt ihrer Überlegungen stellen. *Radikale Kundenorientierung* ist der *zweite* Weg, den Sie einschlagen können. Und der klügere.

Jeff Bezos, Gründer von Amazon, hat die Kundenzentrierung tief als Wert im Unternehmen verankert. Amazon wäre sonst nie auf die Idee gekommen, ein Cloud-Computing-Anbieter zu werden, wenn die Manager sich nur mit Buchhändlern und Versandunternehmen verglichen hätten. Amazon schaut, welche ungelösten Kundenaufgaben existieren, die sie mit ihren bestehenden Kernkompetenzen besser bewältigen können als die heutigen Lösungsanbieter. Anlass war eine eigene Erfahrung: Das E-Commerce-Geschäft von Amazon schwankt stark; so kaufen vor Weihnachten alle noch Geschenke, im Januar wird dafür kaum eingekauft. Darum hat Amazon seine Rechencenter so aufgebaut, dass diese flexibel auf Traffic-Schwankungen reagieren können. Und dabei festgestellt, dass auch viele andere Firmen einen Bedarf nach skalierbaren Computerlösungen haben. Alles potenzielle Kunden.

So hat Amazon seinen *Amazon Web Service* lanciert, auf dem heute große Internetfirmen wie Dropbox oder Netflix laufen. Nicht IBM, HP oder eine andere klassische Computerfirma ist der größte Anbieter von Cloud-Computing, sondern der »Buchhändler« Amazon.

Sie müssen selbst entscheiden, wie viel Wert Sie auf die Wettbewerbsanalyse und wie viel Wert Sie auf das Verstehen von schlecht gelösten Kundenaufgaben und daraus folgenden Customer Insights legen.

Regeln kennen, aber nicht zwingend einhalten

Viele Menschen werden Ihnen sagen, dass aus diesem und jenem Grund schon immer alles so in Ihrer Branche gemacht wurde. Hören Sie aufmerksam zu und versuchen Sie zu verstehen, warum diese Person das sagt. Sie müssen seine Meinung nicht teilen, aber Sie müssen sich überlegen, warum Sie nicht der Meinung des anderen sind. Sie können alle Regeln brechen, müssen es aber bewusst tun – also wissen, warum.

Verstehen Sie das Geschäftsmodell Ihrer Branche

Nehmen Sie ein Geschäftsmodellposter und beschreiben Sie das vorherrschende Geschäft Ihrer größten Wettbewerber. Fangen Sie mit den Bausteinen wie Angebot, Vertriebskanäle und Ertragsmodell an und arbeiten sich dann Richtung weicherer Faktoren wie Value Proposition und Unternehmensgeist vor. Das Ertragsmodell scheint anfänglich einfach zu beschreiben zu sein, aber um die dahinterliegende Ökonomie des Geschäftes zu verstehen, müssen Sie schon Zeit investieren.

Mit dem Skizzieren des Geschäftsmodells lernen Sie, wie Ihre Wettbewerber aufgestellt sind und welchen ungeschriebenen Regeln das heutige Geschäft folgt.

Aufgabe: Regeln der Branche

Was sind Regeln in Ihrer Branche? Stimmen Sie mit diesen überein? Wenn nein, warum glauben Sie, eine Regel bewusst brechen zu können? Was hat der Kunde vom Regelbruch?

Was ist ein guter Market Insight?

Ein guter Market Insight ist die Beschreibung, wie die heutigen Unternehmen eine Kundenaufgabe lösen und durch welchen Trend diese Regeln verändert werden können oder welchen Nachteil die alte Lösung hat. Ein Insight ist keine Lösung, sondern zeigt, wo eine Marktlücke existiert. Wie beim Customer Insight löst auch ein guter Market Insight ein »Aha« aus.

Beispiele:[28]

- *Der klassische Textilhandel will möglichst billig einkaufen, was dazu führt, dass sie neun bis zwölf Monate im Voraus ihre Ware in Fernost bestellen müssen. Das nimmt ihnen jede Flexibilität bei Veränderung der Nachfrage. So kommt es zu einer Abverkaufsrate (Verkauf mit hohen Rabatten) von über 25 Prozent.*

- *Das heutige E-Banking ist eine reine Übertragung des traditionellen Bankings aufs Web. Es schöpft in keiner Weise die Möglichkeiten aus, die sich durch das Internet und insbesondere durch das mobile Internet bieten.*

- *Die deutschen Maschinenbauer sind Weltspitze, wenn es um Präzision geht. Sie verstehen sehr gut die Hardware (Maschine), haben aber große Mühe, Software zu entwickeln, die die Maschinen zu intelligenten Verbundsystemen vernetzen kann (Stichwort Industrie 4.0).*

- *Heute wird im Westen allein die Spitzenmedizin gefördert, die zu sehr hohen Behandlungskosten führt. Indische Kliniken zeigen, dass bei Standardeingriffen durch Prozessoptimierung mittels Massenproduktionsmethoden bei gleicher Qualität die Kosten auf ein Drittel gesenkt werden können.*

- *Tee ist im Laden so teuer, weil viele Zwischenhändler mitverdienen, und nicht, weil die Bauern so viel bekommen. Heutige Logistikanbieter erlauben hingegen, den Tee direkt aus dem Anbaugebiet nach Europa zu transportieren.*

- *Amerika ist der Vorreiter für Internetunternehmen. Wenn Ideen dort zum Fliegen kommen, dann ist die Chance groß, dass sie auch in anderen Teilen der Welt funktionieren. Wichtig ist die schnelle Umsetzung der Idee.*

Market Insights sind wichtig, aber Sie müssen später eine Value Proposition daraus ableiten können, die den Kunden auch zusagt. Nur weil es ein

»Problem« im Markt gibt, heißt das noch nicht, dass daraus eine gute Geschäftsidee entsteht. Es braucht immer einen Kunden, der zu kaufen bereit ist.

Analyse ist kreativ

Insights zu finden und zu formulieren, ist kreativ und analytisch. Sie müssen aus Hunderten Informationen die wichtigsten Aussagen herausfiltern und zu überraschenden Insights destillieren. Wo haben Sie einen Aha-Effekt gehabt, als Sie von der Aussage erfahren haben? Warum hat sich dieses Aha eingestellt?

Aufgabe: Market Insights

Für jeden Insight erstellen Sie ein kleines Poster und hängen es in Ihrem Raum neben den Customer Insights auf. Sie sollten mindestens 20 Market Insights haben.
Gibt es Gruppen von ähnlichen Insights? Hängen Sie die passenden Insights zusammen.

Fokussieren Sie bitte!

Sie müssen sich einschränken. Sie können nicht für alle Insights Lösungen entwickeln. Sie müssen fokussieren. Ein gutes Geschäftsmodell hat einen klaren Fokus, was Sie machen und was Sie nicht machen.

Standpunkt festlegen, warum es Sie braucht

Ein Unternehmer hat eine klare Haltung, warum es sein Unternehmen geben muss. Das ist sein Standpunkt. Auf der nächsten Seite müssen Sie aus Ihren Customer und Market Insights ableiten, warum es gerade Sie aus Sicht des Kunden und des Marktes braucht. Das ist Ihr Standpunkt, warum es Ihr Unternehmen unbedingt geben muss.

Aufgabe: Schlüssel-Insights

Welche zehn Schlüssel-Insights aus den Customer und Market Insights können Sie aus allen gewonnenen Informationen ableiten? Denken Sie daran, dass Insights ganz entscheidende Dinge sind, auf denen später ein ganzes Unternehmen basieren kann.

Insight	Warum ist der Insight wichtig?	Priorität

Unser Standpunkt: Deshalb muss es unser Start-up geben!*

* Denken Sie daran, dass Ihr Standpunkt immer nur eine Annahme ist. Der Standpunkt leitet sich aus Ihren Customer und Market Insights ab, die Sie mit Ihrem Geschäft lösen wollen.

3.

Ideen finden

Aufgaben:

Sich von Unternehmen aus anderen Branchen inspirieren lassen.
So viele Ideen wie möglich finden für:
Value Proposition, Geschäftsstruktur, Ertragsmodell, Unternehmensgeist.
Verrückte und mutige Ideen zulassen.

Wieder in Lösungen denken

Wir haben Sie im letzten Schritt gezwungen, einen klaren Standpunkt zu entwickeln, warum es Sie aus Kunden- und Marktsicht geben muss. Jetzt ist es an der Zeit, den Horizont zu öffnen und möglichst viele Ideen, auch verrückte, zu finden, auf denen Ihr Geschäftsmodell basieren soll.
In diesem Schritt geht es nicht darum, nur »ein« Geschäftsmodell zu entwickeln, sondern verschiedenste Möglichkeiten zu finden, wie Sie Ihre Insights in ein Geschäft umwandeln können.

Regeln

- Machen Sie am Anfang ein Brainwriting. Geben Sie allen Teilnehmern vor dem Ideenfinden Zeit, ihre Ideen niederzuschreiben. So hören Sie auch Ideen von »stillen« Menschen.
- Visualisieren Sie die Ideen.
- Nutzen Sie Metaphern, um Ideen zu beschreiben.
- Nur einer spricht zur gleichen Zeit.
- Halten Sie die Ideen auf Papier fest und kleben Sie sie an die Wand.
- Mehr Ideen sind besser. Verrückte Ideen helfen Ihnen, den Horizont auch für sinnvolle Ideen zu öffnen.
- Bleiben Sie beim Thema, insbesondere bei Lösungen für die identifizierten Insights.
- Entwickeln Sie Ideen anderer weiter.
- Kritisieren Sie nicht die Ideen anderer. Kein »Das geht nicht«.

Werkzeuge

Zwei Werkzeuge, ein Poster und eine Geschäftsmodellkarte, finden Sie im Buch. Das Poster hängen Sie an die Wand. Lassen Sie genug Platz darum herum, da es sein kann, dass Sie mehr Ideen haben, als auf das Poster passen.
Die Geschäftsmodellkarte auf Seite 28 enthält die Fragen über alle Elemente und Bausteine eines Geschäftsmodells. Jeder Teilnehmer sollte mit den Fragen vertraut sein.

Ihr Anspruch: Mutig und verrückt

Die meisten Brainstormings – auch von selbst ernannten Kreativen – sind langweilig. Selten kommt es zu Ideen, die wirklich außerhalb der Norm sind und nicht schon vorhersehbar waren. Viele sind schon glücklich, wenn sie überhaupt eine Vorstellung haben, wie sie ihren Vertrieb bewerkstelligen wollen.
Das darf nicht Ihr Anspruch sein. Seien Sie verrückt, und denken Sie außerhalb der Normen. Besser wird die Ideenfindung, wenn Ihr Team verschiedenste Hintergründe hat. Dann kommen auch verrückte, aber interessante Ideen, wie etwa Staubsauger an Männer verkaufen zu wollen (Dyson).

Sie werden Ideen haben, die sich widersprechen. Das ist in Ordnung. Bewerten Sie Ideen nicht sofort. Lassen Sie ihnen den nötigen Raum zum Wachsen. Widersprechen Sie im Team einander nicht, sagen Sie nicht, etwas sei nicht möglich oder gar dumm. Das ist Gift für die Kreativität, die jetzt gefragt ist.
Erst im nächsten Schritt »Auswahl und Testen« müssen Sie Widersprüche aufdecken und versuchen zu beseitigen.

Anregungen für Ideenfindung

- *Überlegen Sie sich, was Sie machen müssen, damit der Kunde Ihnen sein Geld gibt, bevor bei Ihnen die Kosten entstehen.* Amazon bekommt sein Geld von Kunden, bevor es seine Lieferanten zahlen muss.
- *Überlegen Sie, wie Sie die Eintrittsbarriere für Ihre Kunden tief ansetzen können, um mit ihnen ins Geschäft zu kommen und später via Nachkaufprodukten oder Service eine höhere Marge zu verdienen.* Denken Sie an Ihren Druckerhersteller, der Ihnen einen »billigen« Drucker verkauft hat, jetzt aber an den Tinten prächtig verdient.
- *Überlegen Sie sich, ob der Kunde wirklich das Produkt braucht oder welche Schritte der Kunde noch mit dem Produkt machen muss, bevor er seinen wirklichen Nutzen hat.* Denken Sie anstatt an einen Salatkopf an gewaschenen Salat, der direkt verwendet werden kann. Oder an Nespresso, das den Genuss eines frisch gebrauten Kaffees und nicht Kaffeebohnen verkauft. Dafür verlangt Nespresso übrigens den zehnfachen Preis.
- *Überlegen Sie sich, wie Sie Ihre Kunden so gut wie möglich kennen können.* Nespresso verkauft nicht in Supermärkten, sondern in eigenen Läden, um die Kunden und deren Einkaufsverhalten kennenzulernen.
- *Überlegen Sie sich, wie Ihre Kommunikation (Werbung) Kunden Lust machen kann, Ihnen zuzuhören.*
- *Überlegen Sie sich, für welche Aufgaben es heute keine direkten Lösungen und damit keinen Markt gibt.* Denken Sie an die Erdschraube von Krinner, mit der Sie einen Zaun schnell im Erdreich befestigen können. Es gab keinen Markt für »temporäre Erdbefestigung«, bevor Krinner den Markt »erfunden« hat. Die Aufgabe gab es aber schon seit Hunderten von Jahren, nur gab es kein direktes Produkt.
- *Überlegen Sie sich, ob Sie die Wertschöpfungskette optimieren können, indem Sie zum Beispiel alle Zwischenhändler eliminieren, wie dies die Teekampagne gemacht hat.*
- *Überlegen Sie sich, welche Aufgaben in der Wertschöpfungskette der Kunde für Sie übernehmen kann und der Kunde sogar glücklich ist, wenn er mehr machen kann. Siehe IKEA.*

- *Überlegen Sie sich, wie Sie Ihr Angebot an Kunden verkaufen könnten, die heute als Nicht-Kunden wahrgenommen werden.* So wie das Bosch mit seinem Akkuschrauber IXO gemacht hat, der sich bewusst an die »sanften« Heimwerker richtet, die hauptsächlich IKEA-Möbel aufbauen und sich nicht für die Newtonmeter-Leistung ihres Akkuschraubers interessieren.
- *Überlegen Sie sich, wie Sie ohne Lager auskommen können,* weil Sie im Voraus wissen, was der Kunde wann genau braucht – oder weil der Kunde erst dann die Güter bekommt, wenn Ihr Lieferant sie liefert. Die Teekampagne und Blacksocks beliefern ihre Kunden erst dann, wenn die Ernte beziehungsweise die Socken da sind.
- *Überlegen Sie sich, wie Sie sich gegen den Trend, immer alles billiger und standardisierter herzustellen, wehren können?*
- *Überlegen Sie sich, wie Sie Schönheit und Freude in Branchen bringen, die als langweilig und intransparent gelten?*

Aufgabe: Inspirationsquellen

Was sind andere Unternehmen, von denen Sie lernen und deren Ideen Sie »klauen« können? Was haben sie anders gemacht? Was müssten Sie machen, damit die Idee auch bei Ihnen funktioniert?

Wie findet man Ideen?

1. Stellen Sie Ihren Standpunkt vor

Gehen Sie von Ihrem Standpunkt aus und stellen Sie diesen und die zugrunde liegenden Insights vor. Diese sind schon der erste Baustein der Value Proposition, der »Kunden« und welche »Aufgabe« Sie für den Kunden lösen möchten.

2. Vom Angebot zum Nutzen und zurück

Jetzt dürfen Sie endlich alle Ideen für das »Angebot« einbringen. Wie lösen Sie die heute schlecht oder ungelösten Aufgaben beim Kunden? Welche Eigenschaften müsste das Angebot haben, damit die Aufgabe aus Kundensicht gelöst wird? Seien Sie so konkret wie möglich.
Sobald Sie Ideen für das »Angebot« entwickelt haben, gehen Sie wieder zurück zur »Value Proposition« und überlegen sich, welchen »Nutzen« der Kunde vom vorgeschlagenen Angebot hat. Pendeln Sie zwischen »Angebot« und »Value Proposition« hin und her.
Das »Angebot« muss nicht schön oder hip sein, sondern dem Kunden einen klaren, kommunizierbaren und erlebbaren »Nutzen« bringen.

3. Ideen für Vertrieb, Kommunikation, Ertragsmodell, Unternehmensgeist

Brainstormen Sie auch für alle anderen Bausteine eines Geschäftsmodells. Was sind Ihre Ideen? Akzeptieren Sie die Norm, wie man es normalerweise in Ihrer Branche macht, oder haben Sie eigene Ideen?
Nicht nur der Kunde muss später »Liebe« spüren, sondern auch Ihre Partner und Mitarbeiter. Generieren Sie auch hier kreative und innovative Ideen.
Gehen Sie alle Bausteine auf der Arbeitskarte durch und entwickeln Sie Ideen.

4. Gruppieren und bewerten

Gruppieren Sie Ideen und lassen Sie am Ende das Team mit Punkten die Ideen bewerten. Die Ideen sollten einerseits einen klaren Kundennutzen haben, mittelfristig umsetzbar sein und andererseits langfristiges Potenzial haben.

Ein Schritt zurück, zwei vorwärts

Haben Sie eine tolle Idee gehabt, aber es fehlen noch Insights, um zu prüfen, ob sie auch sinnvoll ist? Kein Problem. Gehen Sie zurück und rufen Sie potenzielle Kunden an, um Ihre Idee zu überprüfen. Tun Sie es!

4.

Design von Varianten

Aufgaben:

Vier Varianten auswählen.
Geschäftsmodell für Varianten designen.
Zusammenhänge zwischen Bausteinen überprüfen.
Einzigartigkeit der Geschäftsmodelle ausarbeiten.
Geschichte pro Variante schreiben.

Vier Varianten festlegen und Geschäftsmodell designen

Im vorherigen Schritt haben Sie Ihren Horizont geöffnet und viele Ideen entwickelt. Alle können Sie nicht umsetzen. Wählen Sie also vier Kernideen aus. Entwickeln Sie daraus je ein komplettes Geschäftsmodell mit allen Bausteinen.

Die Varianten müssen nicht komplett verschieden sein, sondern können auch verschiedene Ausprägungen für ein bestehendes Angebot oder für eine technologische Innovation sein.

Engen Sie sich aber nicht zu früh ein, indem Sie nur an Untervarianten einer einzigen großen Idee arbeiten. Denken Sie an Tetra Pak und die möglichen Stoßrichtungen, in die sich das Unternehmen hätte entwickeln können.

Die Varianten sollten eine große Spannweite abdecken. Überlegen Sie sich, welche Idee sich kurzfristig am schnellsten umsetzen lässt. Was könnte ein langfristiges Ziel sein? Welche ist eher eine radikale Innovation in der betreffenden Branche, welche eher eine Weiterentwicklung eines traditionellen Geschäftsmodells?

Bei Tetra Pak wäre kurzfristig die Lizenzierung Erfolg versprechend gewesen, nur wäre Herr Rausing so nie Milliardär geworden. Erst seine Idee, Tetra Pak als Verpackungsdienstleistung zu verkaufen, hat es geschafft. Aber die Umsetzung hat Jahrzehnte gedauert.

Aufgabe: Vier Ideen zum Weiterentwickeln

Welche Ideen möchten Sie aktiv weiterentwickeln und für diese ein Geschäftsmodell designen? Warum haben Sie sich genau für diese Ideen entschieden? Ist die Entscheidung geprägt von kurzfristigem Denken oder hat die Idee langfristig Charme, weil sie bestehende Regeln verletzt?

Seien Sie präzise

Wir tendieren dazu, allgemeine Aussagen zu treffen. Diese sind nie falsch, aber sie helfen auch nicht bei der Umsetzung.
Was wollen Sie sagen, wenn Sie allgemein Geschäftskunden als Segment angehen wollen? Gibt es überhaupt so ein Segment? Hilft Ihnen diese Breite, morgen zu entscheiden, wen Sie anrufen wollen, um Ihre Idee zu verkaufen? Nein. Also seien Sie präzise mit Ihren Ideen.
Eine richtig ausgearbeitete Variante eines Geschäftsmodells

- ist präzise und genau;
- ist einfach gehalten, ohne zu vereinfachen;
- ist selbsterklärend;
- fokussiert auf die relevanten Punkte;
- erfindet die Welt nicht neu;
- unterscheidet sich dort, wo ein wichtiger Wettbewerbsvorteil erreicht wird;
- differenziert sich klar von bisherigen Lösungen;
- ist kundenfokussiert, relevant für den Kunden und kein Lifestyle-Unternehmen;
- ist anfänglich eher eng als breit aufgestellt mit klarem Fokus auf ein Kundensegment und klare Value Proposition;
- basiert auf Kompetenzen der Gründer.

Aufgabe: Vier komplette Geschäftsmodelle designen

Designen Sie aus Ihren vier Ideen komplette Geschäftsmodelle. Verwenden Sie das Geschäftsmodellposter, um aus jeder Variante ein Geschäftsmodell mit allen Bausteinen zu designen.
Überlegen Sie sich gut, warum Sie sich gerade für diese oder jene Lösung bei den einzelnen Bausteinen entschieden haben.

Aufgabe: Zusammenhänge überprüfen

Überprüfen Sie die Zusammenhänge auf dem Geschäftsmodellposter. Kann die Value Proposition mit den Vertriebskanälen erreicht werden? Kann mit diesen auch die notwendige Anzahl von Kunden erreicht werden, damit das Ertragsmodell aufgeht? Ist Ihre Value Proposition so sinnstiftend, dass die besten Mitarbeiter in Ihr Team wollen? Warum haben Sie sich beispielsweise für einen Direktvertrieb entschieden? Korrigieren Sie, wo nötig.

Akzeptieren Sie Ihr Unwissen

Wir mögen keine weißen Flächen. So schreiben Gründer lieber irgendetwas auf das Geschäftsmodellposter, anstatt einfach eine Lücke zu lassen. Akzeptieren Sie die Lücke. Sie müssen noch nicht jeden Partner kennen, den Sie brauchen. Am Anfang werden Sie nicht alle Schritte Ihrer Produktion kennen. Das ist in Ordnung.
Eine Lücke zeigt Ihnen, dass Sie noch dran arbeiten müssen. So sehen Sie, was Sie alles herausfinden müssen.

Die schöne Geschichte von Ihrem Erfolg

Für jede der vier Varianten müssen Sie eine Geschichte schreiben, analog einem Märchen oder einer Anekdote. Die Geschichte muss erzählen, was Sie und Ihre Idee einzigartig macht und warum Sie gerade mit diesem Geschäftsmodell erfolgreich sein werden.
Durch das radikale Verkürzen des kompletten Geschäftsmodells auf eine kurze Geschichte sehen Sie schnell, ob die Idee einzigartig ist und Potenzial hat. Wenn Sie noch keine Geschichte entwickeln können, dann sagt Ihnen das nur, dass Sie noch nicht wirklich den Kern des Geschäftes gefunden haben.

Aufgabe: Ihre Geschichten

Wie lauten die vier Geschichten für Ihr Geschäft? Wie lauten die Titel für die Geschichten?

5.

Auswahl und Testen

Aufgaben:

Optimales Geschäftsmodell auswählen.
Geschichte schreiben.
Pitch vorbereiten und einüben.
Prototyp bauen und mit Kunden testen.
Geschäftsmodell ändern, falls notwendig.
Wieder testen.
Business Case schreiben.

Jetzt heißt es entscheiden

Sie haben einen Standpunkt entwickelt, warum Ihr Geschäft existieren muss. Sie haben aus allen Ideen Varianten ausgewählt und Geschichten dazugeschrieben. Jetzt müssen Sie sich entscheiden, mit welchem Geschäftsmodell Sie starten.

Es hätte auch anders kommen können

1997, ein Jahr vor der Gründung ihrer Firma Google, hatten Sergey Brin und Larry Page, die späteren Gründer, ein Angebot auf dem Tisch. Eine Investmentfirma bot ihnen 350 000 Dollar für die Idee des Page-Ranks, sprich für die Bewertung der Wichtigkeit einer Website aufgrund der Links, die auf diese Seite verweisen. Larry Page, damals noch Student in Stanford, fand dieses Angebot angemessen.
Wie wir heute wissen, haben die beiden aber nicht ihre Idee verkauft, sondern selbst umgesetzt. Page begründet das sehr einfach: »Warum sollten wir mit jemandem zusammenarbeiten, der nicht an Suche glaubt?«[29] Damit war gemeint, dass der Käufer, eine Investmentgesellschaft, am schnellen Geld interessiert war und nicht an der Mission der beiden, sämtliche Inhalte der Welt auffindbar zu machen.

Wofür wollen Sie im Leben stehen?

Überlegen Sie sich, wie Sie als Student reagiert hätten, wenn ein Investor Ihnen im Studium so viel Geld geboten hätte? Wären Sie standhaft geblieben oder hätten Sie verkauft?
Legen Sie eine Pause ein und überlegen Sie sich, wofür Sie stehen und welche Werte Ihnen im Leben wichtig sind? Geld? Die Welt verändern? Kurzfristig viel arbeiten und dann nach Verkauf der Firma die Beine hochlegen? Ihren Enkeln ein Unternehmen weitergeben, das für alles steht, was Ihnen wichtig ist?
Die Entscheidung können wir Ihnen nicht abnehmen. Es sind Ihre Werte. Sie müssen zu Ihnen passen und zu Ihrer Idee.

Aufgabe: Ihre Werte

Was sind Ihre Werte, die Ihnen wirklich wichtig sind?

Bewertungsraster für Ihre Varianten

Value Proposition

- Wie groß ist die Chance, dass Kunden Ihr Geschäft wirklich lieben? Auch langfristig?
- Gibt es genügend Kunden für Ihre Value Proposition?
- Wie relevant ist die Aufgabe, die Sie für den Kunden lösen wollen? Ist es eher ein »Nett-zu-haben« oder »Muss-haben«?
- Wie gut ist die wirtschaftliche Lage Ihrer Kunden?
- Ist Ihre Idee ein Hype-Geschäftsmodell, das in der Gründerszene ganz hip ist, oder ist es ein Geschäft, das vom Kunden her gedacht wurde?
- Muss der Kunden sein Verhalten grundsätzlich ändern, um von Ihrer Idee zu profitieren? Wenn ja, gibt es sehr gute Gründe für ihn, das zu tun?
- Wie erklärungsbedürftig ist für Kunden Ihre Idee?
- Gibt es den Markt schon, in dem Sie agieren, oder müssen Sie ihn erst »erfinden«?
- Ist Ihre Value Proposition so stark, dass Kunden sich selbst bei Ihnen melden, um mit Ihnen ins Geschäft zu kommen? Oder müssen Sie die Idee dem Kunden aktiv verkaufen?
- Gibt es ein Zeitfenster, das Sie nutzen können?
- Wie leicht ist es, Ihre Value Proposition zu kopieren?

Geschäftsstruktur

- Können Sie das, was Sie versprechen, auch liefern?
- Schafft Ihre Geschäftstruktur, die Liebe Ihrer Kunden zu wecken?
- Lässt sich Ihr Geschäft langfristig weiter ausbauen? Ist das gewählte Modell der Start für eine größere Vision?
- Bekommen Sie das Angebot hergestellt? Wie hoch sind die technischen Hürden, die es noch zu überwinden gilt?
- Wie komplex ist die Produktion? Haben Sie alle Kompetenzen dafür?
- Wie erklärungsbedürftig ist Ihr Angebot?
- Wie komplex ist es, Ihr Vertriebssystem aufzubauen?
- Wie lange dauert es, bis Ihr Vertrieb auch Umsatz bringen kann?
- Wie leicht können Wettbewerber Ihre Geschäftsstruktur kopieren?
- Wie stark ist die Value Proposition für Ihre Partner? Wollen die Partner wirklich mit Ihnen zusammenarbeiten oder ist das nur ein weiteres »Projektchen« für sie?

Ertragsmodell

- Wie lange müssen Sie Ihre Kosten vorfinanzieren, bevor der Ertrag kommt?
- Wie viele Gespräche müssen Sie mit Kunden führen, bis ein Kunde zum Kunden wird? Wann bezahlt der Kunde die Rechnung?
- Wie langfristig ist die Kundenbeziehung? Verkaufen Sie nur einmal, wie im klassischen Produktgeschäft, oder kommt der Kunde immer wieder mit Ihnen ins Geschäft (Verbrauchsgüter, Wartungsvertrag, laufende Dienstleistung, Abo)?
- Wie hoch ist die Marge, die Sie verdienen? Ist die Marge hoch genug, um auch schlechte Zeiten zu überstehen beziehungsweise auch Garantiefälle von Kunden abzudecken?
- Wie groß ist der Wettbewerb? Können Sie Ihre Preise überhaupt durchsetzen?
- Wie vorhersagbar sind die Kosten und deren Entwicklung?
- Wie skalierbar ist das Geschäft? Sprich, wie groß kann es werden, ohne dass die Kosten proportional steigen?
- Wie groß kann das Unternehmen werden, wenn alles optimal läuft?
- Ist die Geschäftsidee groß genug für ein ganzes Unternehmen oder ist es »nur« ein Produkt oder gar nur ein Produktfeature?
- Gibt es Wettbewerber, die auf Teufel komm raus auch ohne Profit wachsen wollen?

Unternehmensgeist

- Motiviert Ihre Value Proposition Ihre Mitarbeiter? Auch langfristig?
- Sehen Mitarbeiter einen tieferen Sinn bei der Umsetzung der Idee?
- Wie schwierig wird es sein, die richtigen Mitarbeiter mit den richtigen Kompetenzen zu überzeugen, für Sie als Start-up zu arbeiten?
- Wie schwierig ist es, die Mitarbeiter mit den richtigen Werten zu finden?
- Was wollen Sie langfristig? Die Diskussion müssen Sie führen, bevor Sie die Varianten bewerten.
- Passt das Geschäftsmodell auch zu Ihren persönlichen Werten?

Damit starten wir:

Mit folgendem Geschäftsmodell starten wir! Schreiben Sie hier die Geschichte hin, die Ihr Geschäftsmodell zusammenfasst.

Testen, überprüfen, verbessern und alles von vorne

Jetzt wird es Zeit, Ihre Geschäftsidee dem Markt auszusetzen. Alle bisherigen Arbeiten haben den Augenblick vorbereitet, an dem Sie mit Ihrem Geschäftsmodell in die harte Wirklichkeit rausgehen.

Setzen Sie nicht alles auf eine Karte. Testen Sie mit einem Prototyp die Kernbereiche Ihres Geschäftsmodells.

Was ist ein Prototyp?

Ein *Prototyp ist die kleinstmögliche Ausgestaltung Ihres Geschäftsmodells,* die Sie einem Kunden anbieten können. Beim Erstellen ist Kreativität gefragt.

Der Gründer von Zappos, der Vorlage für Zalando, hat einfach eine Website gebaut, auf der Schuhe gekauft werden konnten. Die Schuhe hat der Gründer in lokalen Schuhgeschäften gekauft, dann hat er auf Käufer gewartet. Mit seinem Online-Shop konnte er zeigen, dass auch Schuhe über das Internet zu verkaufen sind, was früher bezweifelt wurde, da Schuhe anprobiert werden mussten, bevor sie gekauft wurden. Profitabel war der Prototyp nicht; er hat aber den Beweis erbracht, dass die Value Proposition und der Vertriebskanal funktionieren.

Die Gründer von Zalando wiederum haben nicht selbst einen Prototyp zum Testen der wichtigsten Annahmen entwickelt, sondern die Idee von Zappos nach Europa gebracht. Zappos war der Prototyp für Zalando, auch wenn der Unternehmensgeist in beiden Unternehmen vollkommen unterschiedlich ausgeprägt war.

Das »Panoramamesser« aus der Schweiz ist ein anderes Beispiel für gutes Testen mittels Prototyp. Andy Hostettler, einstiger Werber, hat sich gefragt, wie man aus dem schönen Bergpanorama seiner Heimat ein Souvenir machen könne. Er entwickelte die Idee eines Brotmessers, dessen Klinge wie ein Bergpanorama geformt ist. Seine Annahme war, dass Touristen das Messer als Souvenir kaufen würden.

Er testete das Geschäftsmodell mit einem Prototyp und ließ eine Kleinserie des Messers herstellen, um sie auf dem Weihnachtsmarkt in Konstanz zu verkaufen. Dabei stellte er fest, dass Touristen nicht bereit sind, so viel Geld für ein derartiges Messer auszugeben. Gleichzeitig merkte er aber, dass Einheimische sehr gerne das Messer kaufen,

einerseits für sich selbst, aber auch als Geschenk. Zudem hat Hostettler gesehen, dass Schweizer für gute Qualität einen ganz anderen Preis bereit sind zu zahlen als Deutsche. Und dass sich Brot- und Käsemesser in Europa gut verkaufen lassen, aber nicht an Asiaten, die zwar gerne hochwertige Souvenirs kaufen, aber kein Brot und keinen Käse essen. Aus diesem Grund hat er für diese Kunden ein Universalmesser eingeführt.
Andys Prototyp »Panoramamesser und Verkaufsstand auf dem Weihnachtsmarkt« hat ihm wertvolle Insights gebracht, wie seine Value Proposition aussehen muss. Um den Vertriebsweg Haushaltswarengeschäfte zu testen, ist er persönlich bei mehreren Geschäften vorbeigegangen und hat seine Messer verkauft. Die Resonanz war so gut, dass er das Geschäft weiterentwickelt hat und sein Panoramamesser heute in Varianten anbietet.

Geld spricht!

Ein guter Prototyp muss dem Kunden erlauben, Geld ausgeben zu können. In den vorherigen Schritten haben Sie *Meinungen* von Kunden abgeholt, beim Prototyp geht es um das *Geld* vom Kunden. Er zeigt auf, ob der Kunden Ihre Value Proposition wirklich schätzt oder nicht. Deswegen brauchen Sie einen Prototyp. Denn erst, wenn der Kunden Geld ausgeben kann, zeigt er sein wahres Gesicht.

Crowdfunding

Crowdfunding ist eine Möglichkeit, das Produkt zu testen, ob Kunden bereit sind für dieses Geld auszugeben. Kickstarter und Indiegogo sind die bekannten Plattformen, aber in jedem Land gibt es lokale Firmen wie Startnext in Deutschland oder WeMakeIt in der Schweiz.

Beim Crowdfunding testen Sie aber nur das Produkt, aber nicht Ihr Geschäftsmodell. Auf den Plattformen sprechen Sie andere Kundensegmente als später im realen Leben an. Auch testen Sie nicht Ihren späteren Vertriebskanal, sondern nur den Vertriebskanal der Crowdfunding Plattform.

Aufgabe: Prototyp

Wie sieht Ihr Prototyp aus? Wie sieht die minimalste Version Ihres Geschäftsmodells aus, um es im realen Leben zu testen?

Die Kunst des Pitchings

Oft wird erwartet, dass die Kunden von allein kommen werden, wenn das Produkt gut ist. Diese Art des Denkens ist gefährlich. Man muss sein Produkt verkaufen – also nicht ins Regal legen, sondern anpreisen. Dies wird auch »Pitching« genannt. Jede Idee ist nur so gut, wie sie verkauft wird.

Auf das Wesentliche konzentrieren

Pitchen ist wie Dating. Stellen Sie sich ein Date vor, bei dem Sie Ihr Gegenüber nur zutexten und erzählen, wie großartig Sie sind. Da wecken Sie keine Neugier und kein Interesse. Sie langweilen. Schaffen Sie es aber, Beziehung herzustellen und sich nicht interessant zu machen, sondern unentbehrlich, werden Sie Erfolg haben.
So ist das auch beim Pitchen. Am Ende soll Ihr Gegenüber mehr über Sie wissen und Sie nicht mehr missen wollen. Überfrachten Sie Ihren Pitch aber nicht mit Details. Sie müssen dem Gegenüber so viel erzählen, dass es versteht, was Sie grundsätzlich machen. Sie müssen es neugierig machen.

Kennen Sie Ihr Gegenüber

Ein guter Pitch hängt vom Gegenüber ab. Verstehen Sie, was für Ihr Gegenüber wichtig ist. Bereiten Sie für Kunden, Investoren, Partner und potenzielle Mitarbeiter als Zielgruppen je einen Pitch vor. Teile zwischen den Pitchen sind gleich, andere spezifisch auf die Zielgruppe ausgerichtet. So erzählen Sie dem Kunden nichts über die hohe Marge, aber dem Investor müssen Sie das erzählen.

Zwei Minuten, die über Ihren Erfolg entscheiden

Ein guter Pitch ist kurz. In zwei Minuten sollten sie das Wesentliche erzählt haben, danach können Sie in die Details gehen.
So sieht ein guter Pitch für Investoren aus:

- Was machen Sie genau?
- Welche Aufgabe und welches Problem lösen Sie für Ihren Kunden? (Standpunkt)
- Was ist Ihre Lösung und was hat der Kunde davon? (Angebot und Value Proposition)

- Was ist das Essenzielle an Ihrem Geschäftsmodell?
- Was macht die Magie Ihres Geschäftsmodells aus? Was macht Sie gegenüber den anderen Lösungen einzigartig?
- Ökonomie Ihres Geschäftes. Was macht Ihr Geschäft aus finanzieller Sicht interessant? (Wichtigste Kennzahlen aus Ihrem Ertragsmodell)
- Wer ist in Ihrem Team und aus welchem Grund sollte gerade dieses Team erfolgreich sein? (Hintergrund, Erfahrung)
- Wo stehen Sie mit Ihrem Geschäft heute? Was sind die nächsten Meilensteine in der Entwicklung? (Status)
- Was wollen/brauchen Sie von Ihrem Gegenüber?

Der erste Satz ist entscheidend, ob man Ihnen zuhört

Sagen Sie im ersten Satz, was Sie machen, damit Ihr Gegenüber Sie einordnen kann. Der erste Satz entscheidet, ob der andere überhaupt zuhören möchte.

Sagen Sie auch, was Sie wollen

Und vergessen Sie auch nicht, was Sie vom Gegenüber wollen. Geld? Mitarbeit? Es als Kunde gewinnen?
Die Kunst ist, den Zeitpunkt zu finden, wann Sie Ihren Wunsch formulieren. Das ist wie bei einem guten Date. Sie wollen unbedingt die Telefonnummer vom jungen Mann, aber das sollte nicht die erste Frage sein, die Sie ihm stellen. Vielleicht fragt er Sie ja auch, weil das Gespräch ihn motiviert hat, Sie unbedingt kennenzulernen.

Ein gutes Argument: Wie sieht das aus?

Lernen Sie, richtig zu argumentieren. Folgende Struktur hilft: »Das machen wir. Aus diesem Grund sind wir besonders. Das hat der Kunde davon.«

Beispiele:

Wir haben ein digitales Hörgerät entwickelt, das deutlich die Klarheit des Klangs erhöht, wodurch Kunden auch in vollen Räumen ihre Gesprächspartner gut verstehen.

Wir haben ein Hörgerät für Babys entwickelt, das auch gehörlosen Babys ermöglicht, ganz natürlich durch das Hören das Sprechen zu erlernen. Somit verhindern wir, dass diese Menschen später als Taubstumme aus der Gesellschaft ausgeschlossen werden.

Üben, Üben, Üben!

Üben Sie Ihren Pitch. Erzählen Sie die Geschichte mehrmals, bevor Sie wirklich die entscheidenden Personen treffen.

Versuchen Sie nicht, ein großer Schauspieler zu werden, wenn Sie ein introvertierter Ingenieur sind. Seien Sie einfach Sie selbst, aber mit mehr Fähigkeiten.

Frust gehört dazu. Lernen auch.

Nicht jeder Pitch wird erfolgreich sein. Gewisse Investoren werden nach fünf Sekunden das Interesse verlieren. Seien Sie unbesorgt. Es liegt nicht an Ihnen, sondern am Schwerpunkt des Investors. Wenn Sie eine Idee im Maschinenbau haben, aber auf einen Investor treffen, der nur in Internet-Start-ups investiert, dann wundern Sie sich nicht, wenn er nicht investiert.

Ein Nein eines Investors sagt nur, dass Sie beim Falschen angefragt haben. Ihr Fehler war, dass Sie nicht in Erfahrung gebracht haben, in welche Ziele der Investor überhaupt finanziert und welche Kriterien er bei der Vergabe von Investitionsmitteln hat.

Nach jedem Pitch fragen Sie sich: Warum war das Ergebnis so, wie es war? Was hat gut funktioniert? Was kann ich verbessern?

Aufgabe: Hauptargument im Pitch

Wie sieht Ihr Hauptargument aus?

Aufgabe: Vollständiger Pitch

Erstellen Sie auf Papier Ihren Pitch:

- Für wen pitchen Sie?
- Was ist für Ihr Gegenüber wichtig?
- Was wollen Sie mit dem Pitch erreichen?
- Wie sieht Ihre Geschichte genau aus?

Verfeinern Ihres Geschäftsmodells, immer wieder

Durch den Prototyp und das Pitchen Ihrer Idee haben Sie weiter gelernt. Lernen Sie systematisch, indem Sie immer wieder Ihre Kernannahmen hinterfragen.
Nehmen Sie Ihr Geschäftsmodellposter und entwickeln Sie Ihr Geschäftsmodell weiter und verfeinern Sie es. Sie lernen immer mehr, was Ihre Kunden wirklich schätzen, und so können Sie Ihre Value Proposition weiter präzisieren.

Businessplan schreiben, wenn es nicht anders geht

Die meisten Investoren beharren immer noch auf einem Businessplan. Businesspläne sind geschriebene, detaillierte Pitches. Die Inhalte haben Sie schon erarbeitet und getestet, sodass das Schreiben jetzt nur noch Fleißarbeit ist.

Nicht präzise falsch, sondern ungefähr richtig

In jedem Businessplan ist auch ein Business Case enthalten. Der Business Case – die Darstellung der Gewinn-und-Verlust-Rechnung Ihres Unternehmens über einen Zeitraum von drei bis fünf Jahren – ist Ihre finanzielle Kalkulation, die sich aus Ihrem Ertragsmodell ergibt. Der Business Case zeigt auf, ob sich Ihr Unternehmen auf Papier rechnet.
Eine Fünfjahresplanung auf zwei Nachkommastellen in Excel ist mathematisch richtig, nur hat das mit der Realität nichts zu tun. Wir lieben es, präzise falsch zu sein, anstatt ungefähr richtig. Seien Sie lieber ungefähr richtig, indem Sie im Business Case die Annahmen Ihres Ertragsmodells prüfen.
Erstellen Sie also einen Business Case – unabhängig davon, ob Sie ihn für einen Businessplan brauchen.

Gute Investoren achten auf die Annahmen

Wenn ein Investor Sie nur anhand Ihrer Planzahlen beurteilt, dann suchen Sie sich einen neuen. Dann versteht der Investor nichts vom Geschäft und will nur schnelles Geld verdienen. Sie brauchen »kluges« Geld, das Ihnen hilft, Ihr Unternehmen zu bauen.

Kluge Investoren interessieren sich zuerst für Ihr Geschäft und dann für die Zahlen, die dahinter stehen. Sie überprüfen die Annahmen hinter den Zahlen, denn diese sagen mehr über Sie aus als die Zahlen selbst. Also überprüfen Sie die Zusammenhänge zwischen Ihren Planwerten und prüfen Sie Ihre Plausibilität zwischen den Zahlen.

6.

Bauen und Lernen

Aufgaben:

Geschäft bauen.
Daten über Kundenverhalten und Feedback sammeln und auswerten.
Geschäftsmodell laufend an neue Insights anpassen.
Wende einleiten, falls notwendig.

Sie haben gute Gründe, warum es Ihr Unternehmen geben müsste, und der Prototyp hat gezeigt, dass Kunden Ihre Produkte auch wollen. Jetzt heißt es »tun«. Jetzt müssen Sie Ihr Geschäft bauen.

Bauen, lernen und besser werden

Als Geschäftsarchitekt haben Sie einen Plan, was Sie bauen müssen. Jetzt müssen Sie planen, in welchen Schritten Sie Ihren Plan auch umsetzen können.

Beim Bauen und im späteren Leben Ihres Geschäftsmodells müssen Sie immer wieder überprüfen, ob das Leben sich an den Plan hält. Unternehmertum ist kontinuierliches Lernen. Nehmen Sie immer wieder Ihr Geschäftsmodellposter hervor und kontrollieren Sie Ihre Kernannahmen, ob sie der Realität standhalten oder ob Sie eine bessere Lösung gefunden haben beziehungsweise finden müssen. Aktualisieren Sie Ihr Geschäftsmodellposter, damit Sie solche Änderungen bewusst machen.

In Ihren Rollen als Kundenversteher, Geschäftsarchitekt, Basisökonom und Teambauer lernen Sie täglich dazu. Ihre Lernkurve war noch nie so hoch wie jetzt als Jungunternehmer.

Wendepunkte im Geschäftsmodell

Wichtig ist, zu wissen, wann Sie eine Wende in Ihrem Geschäft einleiten müssen. Customer Insights gehorchen keinen Naturgesetzen. Sie können sich als falsch herausstellen oder durch das neue Angebot eines anderen Start-ups abgelöst werden. Sie können feststellen, dass der Customer Insight richtig war, aber zu wenige Kunden dieses Problem haben, damit es sich ökonomisch für Sie lösen lässt. Oder Sie haben eine grandiose Value Proposition, bekommen aber Ihre Produktentwicklung nicht in den Griff.

Wichtig ist, dass Sie klar erkennen, wann es eine Wende in Ihrem Geschäftsmodell braucht, und diese einleiten.

Netflix von Wendepunkt zu Wendepunkt zum Erfolg

Wendepunkte sind normal in der Entwicklung eines Unternehmens. Nehmen wir Netflix. Es wurde 1997 mit der Idee gegründet, dass Kunden einen Film auswählen können, der dann als DVD per Post leihweise zu ihnen kommt. Mit diesem Geschäftsmodell wurde Netflix groß. Mehr als eine Milliarde DVDs wurden bis 2007 versandt. Heute streamt Netflix Filme direkt auf den Computer oder Fernseher. Auch produziert Netflix eigene Inhalte wie »House of Cards«, das für den Oscar 2013 nominiert war.
Sein Aha-Erlebnis und Customer Insight hatte Netflix-Gründer Reed Hastings, als er für die Überziehung der Mietdauer für einen Film 40 Dollar zahlen musste. Daraus ist Netflix entstanden, das aber über die letzten Jahre mehrere Wendepunkte beim Geschäftsmodell durchlaufen hat.

1. Vom Zahlen-pro-Ausleihe zum Abomodell

Das Ertragsmodell war bei der Gründung 1997 ein klassisches Zahlen-pro-Ausleihe-Modell, wie es fast alle Videotheken hatten. Die DVDs mussten bis zu einem bestimmten Zeitpunkt zurückgegeben werden, danach fielen Strafgebühren an. 1999 führte Netflix ein Flatrate-Abo-Modell ein. Das ursprüngliche Angebot und das damit verbundene Ertragsmodell wurden ein Jahr später abgeschafft.

2. Netflix weiß, was seine Kunden wirklich sehen wollen

Netflix geht eine Zusammenarbeit mit unabhängigen Filmverleihen ein. Die Kunden können jetzt auch Indie-Filme anschauen. Aufgrund der vielen ausgeliehenen Filme entwickelt Netflix ein ausgeklügeltes Empfehlungssystem. Das Wissen, was die Kunden wirklich sehen wollen und später auch sehen, wird eine neue Kompetenz von Netflix.

3. Neue Wege im Vertrieb

Seit 2007 bietet Netflix Video-on-Demand an. Kunden können ihre Filme jetzt auf ihren Fernseher und andere Endgeräte herunterunterladen und dort anschauen. Dadurch weiß Netflix, wer wann welchen Film mit welchen Schauspielern wie häufig auf welchem Gerät schaut.

4. Keine DVDs mehr – oder doch?

2011 verkündete Netflix, dass es sein DVD-Mietgeschäft vom Streaming trennen und sein ursprüngliches Geschäftsmodell in eine neue Gesellschaft Qwikster auslagern will. Diese radikale Wende wurde aber im Oktober desselben Jahres wieder rückgängig gemacht.

5. Vom Inhaltsverwerter zum Produzenten

Ursprünglich bot Netflix nur fremde Inhalte an. Seit 2013 publiziert Netflix auch eigene Formate. Durch die Kernkompetenz »Wir wissen, was Zuschauer wirklich sehen wollen« kann der Sender genau auf den Geschmack der Kunden zugeschnittene Inhalte produzieren.

Das heutige Netflix hat wenig mit dem Netflix von 1997 zu tun. Indem die notwendigen Wendepunkte im Geschäftsmodell immer wieder erkannt und schlau umgesetzt wurden, konnte Netflix seinen Erfolg immer weiter ausbauen. Heute gilt Netflix als Vorreiter des Fernsehens der Zukunft. Netflix gibt Kunden die Macht, zu entscheiden, wann sie was anschauen wollen. Eine Revolution fürs traditionelle Fernsehen, wo der Programmdirektor vorgibt, was man wann zu schauen hat.

Wo sind Ihre Wendepunkte?

Die richtigen Wendepunkte zu erkennen, ist äußerst wichtig. Sie haben als erfolgreiches Unternehmen nie das »richtige« Geschäftsmodell, sondern es ist immer die Anpassung und Weiterentwicklung des Geschäftsmodells, das Sie erfolgreich macht.

Das Denken in Elementen und Bausteinen eines Geschäftsmodells hilft Ihnen, zu erkennen, wo Sie Ihr Geschäft anpassen können und müssen. Aktualisieren Sie das Geschäftsmodellposter, damit Sie sehen, wo Sie stehen und welche Wenden Sie einleiten müssen.

Aufgabe: Annahmen überprüfen und Wende einleiten

Haben sich Ihre bisherigen Annahmen für das Geschäft bestätigt? Welche Annahmen haben sich als falsch herausgestellt? Welche neuen Insights haben Sie, die zu neuen Geschäftsmöglichkeiten führen? Wo im Geschäftsmodell müssen Sie eine Wende einlegen?

Auf zum fröhlichen Gründen!

Nun wissen Sie eine Menge. Sie haben bereits viel hinter sich. Und müssen doch alles selbst lernen. Dieses Buch macht Sie nicht zum Gründer. Sie selbst und das Leben machen es. Von diesem haben Sie einen Teil hinter sich und wissen, dass man nicht von klugen Leuten lernt und nicht aus guten Büchern, sondern aus eigener Arbeit und Fehlern. In diesem Sinne wünschen wir Ihnen nicht nur viel Erfolg, sondern auch viel Freude und Leichtigkeit beim Ausprobieren, Scheitern im Kleinen, Neumachen, Umkehren, Überdenken und Weitermachen.

Bleiben Sie beweglich. Bleiben Sie mutig. Behalten Sie die Freude. Spielen Sie. Und machen Sie es einfach. Sie werden es nicht bereuen.

Anhang

Danksagung

Der Werkzeugkasten ist die Arbeit eines ganzen Teams, nicht nur des genannten Autors. Die Wolfsburg AG weiß aus langjähriger Erfahrung als Innovationsförderer, dass es bessere Werkzeuge braucht, um Gründer von der Idee bis zum tragfähigen Geschäftsmodell zu begleiten. Sie hat an diesen Werkzeugkasten geglaubt und ihn durch ihre Unterstützung erst ermöglicht. Dafür ein großes Dankeschön, insbesondere an Oliver Syring und Maren Leinweber.

Der Schriftsteller Thomas Meyer hat den Text begleitet und mir gezeigt, wie auch trockene Fachtexte locker, präzise und mit einem Funken Humor geschrieben werden können.

Fritz Gottschalk und Sascha Lötscher haben mich bei der Grafik der Geschäftsmodellkarte unterstützt. Wir sind durch unzählige Iterationen und Prototypen gegangen. Als wir eine grafische Umsetzung aller Bausteine eines Geschäftsmodells schon fast fertig hatten, mussten wir feststellen, dass McDonald's sehr ähnliche Symbole für seine Müllkampagne verwendet, sodass wir wieder von vorne anfangen mussten.

Thomas, Fritz und Sascha danke ich für die tolle Unterstützung.

Steal this idea

Solch ein Buch entsteht nicht im stillen Kämmerlein. Schon gar nicht sind alle Ideen ganz neu, sondern ich habe viel von anderen gelernt wie auch andere viel von mir gelernt haben. Die Grundidee fürs Denken in Geschäftsmodellen entstammt meiner Doktorarbeit, die ich 2001 an der Universität St. Gallen abgeschlossen habe. Von Alexander Osterwalder habe ich gelernt, wie man eine trockene Idee in ein inspirierendes Buch packen kann.

»Steal this idea«, ein Blog von Marty Neumeier, hat mir die Augen geöffnet, dass das »Klauen« und »Beklautwerden«, Ideen besser macht und sich diese so weiterverbreiten. Von überall wurde ich inspiriert und, wo möglich, habe ich die Quelle der Inspiration genannt (vergleiche Leseempfehlung im Web). Wichtig ist, dass man die Inspirationsquellen nennt und nicht so tut, als ob man alles selbst gemacht hätte. So verdanke ich das türkische Sprichwort am Anfang des Buches Hatice Akyün, Journalistin. Da ich mich seit über 20 Jahren mit dem Thema beschäftige, bitte ich um Entschuldigung, wenn ich nicht alle Quellen genannt habe.

Ohne Harry Wiener, Organisationspsychologe aus der Schweiz, gäbe es das Element des Unternehmensgeistes nicht. In vielen Projekten haben wir immer wieder über den Sinn diskutiert, den Menschen im Leben, aber auch in der Arbeit sehen wollen und wie Unternehmen diese Sinnfrage schon im Geschäftsmodell angehen müssen. Danke Harry.

Der Prozess ist durch Design Thinking geprägt. Für das Heranführen an die Methode danke ich Professor Steven Ney von der HPI School of Design Thinking in Potsdam. Steven ist immer wieder eine Inspiration, wie er meinen Studierenden an der Universität St. Gallen beibringt, nicht schon in Lösungen zu denken, sondern erst das Problem in einer sehr kreativen Art und Weise zu verstehen.

Beat Walther von Vendbridge, Zürich, hat mir das Konzept des Jobs-to-be-done nähergebracht, und in unzähligen Gesprächen habe ich mit ihm über Customer Insights, und wie man diese finden kann, diskutiert. Dank dafür.

Ohne Professor Sven Ripsas von der HWR Berlin gäbe es das Buch nicht. Er hat mich vor Jahren nach Berlin eingeladen und mich wieder motiviert, am Geschäftsmodelldenken festzuhalten und bewusst für Start-ups einzusetzen. Sven, danke! Mit seiner Forschung zeigt er auch immer wieder, wie wenig erfolgreich die heutigen Werkzeuge wie der Businessplan sind, um Gründern zu helfen.
Sven hat mich mit Professor Günter Faltin bekannt gemacht, der mich immer wieder unterstützt hat und mich zum Entrepreneurship Summit eingeladen hat, wo ich dann die Wolfsburg AG kennengelernt habe. So schließt sich der Kreis.

Vielen Dank an alle, insbesondere dass ihr mich über die ganze Entstehungszeit unterstützt und immer an mich geglaubt habt. Es tut gut, euch zu kennen. Ein großes Merci!

Patrick Stähler

Anmerkungen

1 Alle Beispiele in diesem Buch basieren ausschließlich auf externen Informationen und sind unsere Interpretation.

2 Die Solarbranche ist im starken Umbruch. 2010 fand in Deutschland noch die Hälfte der Weltproduktion statt. Seither wurden die weltweiten Kapazitäten stärker ausgebaut, sodass 2011 die Preise pro installiertem Watt um 30 bis 40 Prozent gesunken sind. Der Anteil der chinesischen Hersteller hat sich weltweit von sieben Prozent (2004) auf 45 Prozent (2010) erhöht. Der Anteil der deutschen Hersteller sank von 69 auf 21 Prozent. Obwohl der Markt weltweit noch wächst, sind die Marktstrukturen für Unternehmen mit dem falschen Geschäftsmodell sehr schwierig.
Quellen: »Jahresrekord: Solar-Branche verkauft so viele Anlagen wie noch nie«. In: http://www.spiegel.de/wirtschaft/soziales/jahresrekord-solar-branche-verkauft-so-viele-anlagen-wie-noch-nie-a-807668.html (Zugriff 18.05.2015); »Pleite: Hunderte Jobs bei Solarfirma Solon in Gefahr«. In: http://www.spiegel.de/wirtschaft/unternehmen/pleite-hunderte-jobs-bei-solarfirma-solon-in-gefahr-a-803810.html (Zugriff 18.05.2015); »Billigkonkurrenz aus China: Solarbranche fürchtet massenhaftes Firmensterben«. In: http://www.spiegel.de/wirtschaft/unternehmen/billig-konkurrenz-aus-china-solarbranche-fuerchtet-massenhaftes-firmensterben-a-798569.html (Zugriff 18.05.2015).

3 Die *Zeit* sprach sogar von einem Brötchenkrieg. Die Brötchen vom Discounter kosten gerade die Hälfte verglichen mit traditionellen Bäckern. In: https://www.zeit.de/2002/36/Der_Broetchen krieg (Zugriff 18.02.2019).

4 Idee von Ulla Evers (TextundGestalt.de). Die Bäckerei wurde von vielen Teilnehmern bei einem Workshop in Wolfsburg als »tolle Bäckerei« bezeichnet.

5 Ein Modell ist nicht die Realität. Es ist eine abstrakte Beschreibung der komplexen Realität und immer von Ihnen als Person oder Personengruppe abhängig. Andere Personen werden Ihr Geschäft anders beschreiben, was Sie nicht stören sollte.

6 Diese Erkenntnis ist nicht neu und wurde schon von Professor Theodore Levitt 1960 propagiert.

7 Durchschnittskaffeepreis entnommen aus http://www.merkur-online.de/nachrichten/wirtschaft/pfund-kaffee-trotz-preisschub-noch-immer-billiger-jahren-357745.html (Zugriff 18.05.2015).
Quelle für Gramm Kaffee pro Kapsel siehe http://www.ktipp.ch/themen/beitrag/1017147/Kaffee_zum_zehnfachen_Preis (Stand: März 2012).

8 Die Beteiligten werden auch als »Buying Center« bezeichnet. Vgl. Webster, F. E.; Wind, Y. (1972): *Organizational Buying Behavior.* Prentice Hall, Upper Saddle River.

9 Die Geschichte entstammt der Zeitschrift *brand eins,* 01/2012 (http://www.brandeins.de/archiv/2012/nein-sagen/wir-sind-so-frei/) und wurde mit Informationen der Biomöbel Genske GmbH (www.biomoebel-genske.de) ergänzt (Zugriff 18.05.2015).

10 Vgl. Unternehmensangabe Geberit. http://www.geberit.de/web/appl/de/wcmsde.nsf/pages/komp-daur-1 (Zugriff 10.06.2012).

11 In: http://en.wikipedia.org/wiki/Tupperware sowie http://en.wikipedia.org/wiki/Brownie_Wise und http://video.pbs.org/video/2196104568 (Zugriff 04.11.2014).

12 Quelle: Watzlawick, P.; Beavin, J. H.; Jackson, D. D. (1967/1996): *Menschliche Kommunikation: Formen, Störungen, Paradoxien.* 9. unveränd. Aufl., Orginalausgabe *Pragmatics of Human Communication: A Study of Internactional Patterns, Pathologies and Paradoxes.* Hans Huber, Bern.

13 Vor der letzten Finanzkrise haben Banken sehr »innovative« Finanzprodukte entwickelt, die aber weder Kunden noch die Banker selbst verstanden hatten, als die Welt sich nicht mehr so verhielt wie in ihren Modellen. Diese Kreativität meinen wir nicht. Wir meinen eine, von der sowohl der Kunde als auch das Unternehmen profitieren und bei der mögliche Verluste nicht von der Gesellschaft getragen werden müssen.

14 Es ist spannend, mit Gründern wie Professor Faltin zu sprechen. Er negiert, dass er sich bei der Gründung der Teekampagne mit Zahlen beschäftigt hätte, aber mit Nachhaken bekommt man schnell heraus, dass er die grundlegende Ökonomie seines Geschäftes sehr gut versteht. Für die Teekampagne ist dies die hohe Marge, die er durch den Direkteinkauf bei den Produzenten hat. Durch die hohe Marge konnte er viel mehr experimentieren, was funktioniert oder nicht.

15 Umsatz ist die klassische Messgröße, ob ein Unternehmen vom Kunden angenommen wird oder nicht. Je höher der Umsatz ist, desto höher scheint der Erfolg beim Kunden zu sein. Nur ist Umsatz leider auch beeinflussbar, da er eben auch Komponenten und Erlöse enthält, die nicht einen direkten Mittelzufluss auf ihr Konto oder in ihre Kasse auslösen. Umsatz kann schon in den Büchern eines Unternehmens gebucht werden, wenn noch keine Zahlungen vom Kunden geleistet werden. In diesem Fall erhöht sich nicht der Bestand an flüssigen Mitteln, sondern die Forderungen an den Kunden. Der Umsatz ist überdies anfällig gegenüber Scheingeschäften, bei denen keine flüssigen Mittel fließen. Stellen Sie sich einfach vor, dass Sie mit Ihrem Friseur vereinbaren, dass er jetzt 500 Euro pro Haarschnitt bekommt. Sie denken, dass dies viel ist? Kein Problem, denn Sie bezahlen ihn nicht mit Geld, sondern bieten ihm Ihr Auto für eine Stunde an, was Sie ebenfalls mit 500 Euro berechnen. Offiziell haben Sie Umsatz geschrieben, nur Geld ist keines geflossen.

16 Ein deutscher Venture Capitalist hat mich auf diesen Punkt aufmerksam gemacht. Er prüft bei Businessplänen immer das Verhältnis zwischen Vertriebsaufwand und Umsatz. Er berechnet anhand der Vertriebskosten, wie viele Kundenkontakte und wie viele Abschlüsse in welcher Zeit möglich sind. Dann vergleicht er die Zahl mit dem Umsatz, und wenn er dort eine hohe Abweichung feststellt, wird er skeptisch, da das Gründerteam an seinem Baustein »Vertrieb« zu wenig gearbeitet hat.

17 In: Unternehmensdemographie, basierend auf Betriebszählung 2008. Bundesamt für Statistik, Bern.

18 Der Vergleich basiert auf Annahmen, nicht auf realen Zahlen von Blacksocks oder einem Sockenhersteller. Auch hat Blacksocks heute neben schwarzen Socken noch andere Produkte im Angebot.

19 Bei Kunden müssen Sie gewisse Vorsicht walten lassen, da Kunden nur die heutigen Lösungen beurteilen können und sich mit radikalen Neuerungen schwertun. Gerade bei der Entwicklung von neuen Produkten ist es wichtig, nicht nur einen Kunden einzubinden, sondern mehrere, da Sie sonst kein Produkt entwickeln, sondern eine kundenspezifische Lösung.

20 Red Bull gibt etwa ein Drittel seines Umsatzes für Marketing aus. Es agiert dabei nicht als passiver Sponsor, sondern organisiert eigene Anlässe wie die »Red Bull Flugtage« oder die »X-Alps« selbst. Daneben besitzt Red Bull Fußball- und Eishockeyklubs sowie ein Formel-1-Team, das 2010 erstmals Weltmeister wurde.

21 Es gibt im Ertragsmodell Gesetze, die an Naturgesetze herankommen. So können Sie langfristig nicht den Gesetzen der Ökonomie entkommen. Langfristig müssen Sie mehr Geld verdienen, als Sie das Geschäft kostet. Zwar wird uns in der letzten Zeit gerade im Internetgeschäft weisgemacht, dass Wachstum wichtiger wäre als Profitabilität, aber langfristig müssen diese Unternehmen Geld verdienen.

22 Das Konzept der Customer Insights kommt aus der Fast-Moving-Consumer-Goods-Branche, die Unternehmen wie Procter & Gamble oder Unilever umfasst. Das Konzept der Customer Insights ist im Strategiebereich dagegen unbekannt. In den Strategieabteilungen großer Firmen wird von Märkten und Branchen gesprochen. Das Kundenbedürfnis ist nicht direkt Teil einer Strategie. Ein Unternehmer denkt dagegen nicht in bestehenden Märkten, sondern in potenziellen Kunden und deren Jobs. Er denkt in Lösungen für die von ihm gefundenen Customer Insights.

23 Vgl. Ziesemer, B. (2006): *Pioniere der deutschen Wirtschaft.* S. 37 f. Campus Verlag, Frankfurt am Main.

24 In: http://www.brandeins.de/archiv/2004/der-plan/das-grosse-puzzle.html.

25 Erkennen Sie gewisse Unternehmen darunter, die diese Customer Insights gelöst haben?

26 Das Beispiel wurde durch einen Fernsehbeitrag über Ideo, einer Designagentur in Amerika, inspiriert.

27 Vgl. Lauer, M.: »Baumständer-Tüftler Krinner: Der Christbaummillionär«. In: *Spiegel online*, abgerufen am 24.07.2014; Kesselhut, S.: »Das geht: Einfach schrauben.« In: *brand eins* 01/09, S. 20 f.

28 Erkennen Sie ein paar erfolgreiche Unternehmen darunter, die auf diesen Insights basieren? Andere sind noch ungelöst und warten auf eine unternehmerische Lösung.

29 Vgl. Schulz, S.: »Google wäre beinahe verscherbelt worden«. In: *Frankfurter Allgemeine Zeitung, FAZ.net* vom 08.07.2014.

Weitere Werkzeuge für Gründer wie Arbeitsblätter, Glossar und Lesetipps finden Sie auf:
www.das-Richtige-gruenden.de
Den Autor erreichen Sie unter Patrick.Staehler@fluidminds.ch
und bei Twitter unter @pstaehler

Bibliografische Information der Deutschen Nationalbibliothek. Die Deutsche Nationalbibliothek verzeichnet diese Publikation in der Deutschen Nationalbibliografie; detaillierte bibliografische Daten sind im Internet über http://dnb.d-nb.de abrufbar.

5. überarbeitete und aktualisierte Auflage 2021

Druck und Bindung: Steinmeier GmbH & Co. KG, Deiningen
Printed in Germany

Dieses Buch wurde klimaneutral produziert.

Klimaneutral
Druckprodukt
ClimatePartner.com/12752-1803-1001

ISBN 978-3-86774-384-6

Besuchen Sie uns im Internet: www.murmann-publishers.de
Ihre Meinung zu diesem Buch interessiert uns!
Zuschriften bitte an **info@murmann-publishers.de**
Den Newsletter des Murmann Verlages können Sie anfordern
unter **newsletter@murmann-publishers.de**